本著作为教育部人文社会科学艺术学研究项目《城市景观艺术设计与精神生态》
（项目编号：09YJC760004）的成果

城市景观艺术设计与精神生态

王丽君　著

中国建筑工业出版社

图书在版编目（CIP）数据

城市景观艺术设计与精神生态/王丽君著.—北京：
中国建筑工业出版社，2013.5
ISBN 978-7-112-15238-4

Ⅰ．①城… Ⅱ.①王… Ⅲ.①城市景观—景观设计—
景观生态环境 Ⅳ.①TU-856②X21

中国版本图书馆CIP数据核字（2013）第051449号

责任编辑：张幼平　费海玲
责任设计：赵明霞
责任校对：张　颖　王雪竹

城市景观艺术设计与精神生态
王丽君　著
＊
中国建筑工业出版社出版、发行（北京西郊百万庄）
各地新华书店、建筑书店经销
中新华文广告有限公司制版
北京云浩印刷有限责任公司印刷
＊
开本：787×960毫米　1／16　印张：12½　字数：230千字
2013年7月第一版　2013年7月第一次印刷
定价：38.00元
ISBN 978-7-112-15238-4
（23318）

前　言

　　《城市景观艺术设计与精神生态》这一课题源于十年前我在天津大学建筑学院的硕士论文题目，当时导师董雅教授从鲁枢元先生的《生态文艺学》中提炼了"精神生态"一词，希望我能把这一新的概念运用在当代艺术设计研究中。只是当时由于时间仓促，自己在大龄读硕欲提前毕业的浮躁心态下草草完结论文，辜负了这个题目。之后几年我到京工作又辗转攻读了北京电影学院的电影美术设计方向的博士学位，出版了专著《物之银幕狂欢——当代电影美术先锋设计及其美学思维》，转攻影像造型设计领域。博士毕业到北京交通大学建筑与艺术学院工作后，重新回头审视这个课题，又幸运地申请到教育部人文社会科学艺术学研究项目的资助。于是，开始孕育这本《城市景观艺术设计与精神生态》。

　　"生态"（Eco-）一词源于古希腊字，意思是指家（house）或者环境，但现在，其范畴所指已远超原含，含义越来越广，人们常常用"生态"来定义许多美好的事物，如健康的、美的、和谐的事物。生态学者的聚焦点也慢慢地从自然生态学、社会生态学扩展到人类的文化生态、精神生态。文艺学家鲁枢元先生用"三分法"划分了这个概念：以相对独立的自然界为研究对象的"自然生态学"，以人类社会的政治、经济生活为研究对象的"社会生态学"，以人的内在的情感生活与精神生活为研究对象的"精神生态学"。在环境设计中，自然生态学可以说并不新鲜，已经是设计必须考虑的因素，而精神生态似乎还鲜为人知。

精神，作为一个哲学名词，指人的意识、思维等心理活动和心灵状态，为物质运动的最高产物，是符号化了的现象世界。《史记·太史公自序》："道家使人精神专一，动合无形，赡足万物。"清刘大櫆《见吾轩诗序》："文章者，古人之精神所蕴结也。"孙中山在《军人精神教育》中谈及："至于精神定义若何，欲求精确之界限，固亦非易，然简括言之，第知凡非物质者，即为精神可矣。"中国大陆著名老诗人公刘先生说："精神就是人的精、气、神，是物质发展进化到尖端的产物。它是生命的元气，是人格的结晶，是一种充沛、强壮、亢奋、开放的生命状态。"香港报刊专栏作家王一桃先生说："精神是心灵对存在的沉思默想，是内在生命的形而上活动。"历史学博士张三夕概括出，精神是与人的生理、心理和心灵相关的状态，其中包括"神经系统的状态、情绪感觉的状态、道德信仰等状态"。作为一种心灵的意向，"精神为生命的本能指明方向"。在这个物欲横流的时代，精神的力量变得更加可贵。社会的发展使得人类超越了生存最初的物质需求，精神需求成了这个时代的主题。精神生态作为生态文明的一种内在生态形式，是人类内在精神与自然环境、社会环境和文化环境的相互关系，是人类对待自然所呈现出来的道德态度和价值理念，它与人的生理、心理和心灵息息相关，直接关系到人类身心的健康发展。

党的"十八大"报告提出把生态文明建设放在突出地位，而精神生态是生态文明之魂。在科技文明高速发展给人们提供生活便利的同时，人口聚居于远离自然环境的都市，密集的人群造成了自然环境的破坏与日趋严重的污染，继而越发疏离了人与自然的关系以及人与人之间的关系，造成了严重的生理、心理和社会文化等多方面的生态失衡与精神污染。建设城市环境的过程中，必须考虑影响环境变化的一切生态因素，将生态平衡与人类活动需求达到有机的统一，而精神生态问题，由于具有独特的"隐蔽性"而不易被人们关注。

人类以及自身全方位的需求是研究公共环境和改善城市景观的先行条件，因为人类的行为表现和心理、文化活动正是城市景观艺术设计的有机组成部分。获得更高社会价值和大众认可的，都是首先充分尊重并努力体现人的全面需要的设计形式。城市景观艺术设计以城市环境为中心，指在一定的公共区域空间中，利用雕塑、建筑、公共设施等诸多要素进行综合布局的艺术行为。许多城市景观艺术设计充分运用各种生态视知觉因素，不同形式感的城市景观能够给人以不同的心理反应。一旦人因处于不良环境而产生心理失衡现象时，丰富具象的艺术形式所构成的环境因素可以通过视觉与感觉的冲击来对人的内心进行调节和改善，补偿心理生态环境的不平衡，充分展现其优化功能并将之无限放大。作为环境设计师来说，则需要进行更深层次的探索，以创作符合时代精神和人类需求的艺术设计作品。

基于城市景观设计和人的内在精神关系，我把精神生态大致划分为心理精神生态、文化精神生态以及精神生态变异三方面的内容，这里将从精神生态学的角度出发探索其与城市景观艺术设计的关系。本书把精神生态学作为一门研究作为精神性存在主体的人与其生存的环境之间相互关系的学科，通过大量实例从心理精神生态和文化精神生态两大方面分析了精神生态与城市景观艺术设计的密切关系，论述了城市景观艺术设计在改善人的精神生态方面的巨大作用，进而针对城市景观艺术设计与精神生态变异之间的关系进行深入分析，从艺术家"变态"心理和公众"变态"心理两方面探讨了城市景观"变态"设计的造型设计方法和设计题材。

本书绪论和第一章简单分析了现代人面临的精神生态失衡现象，介绍了现代生态学内容扩展到精神生态层面的学术背景。

第二章重在分析城市景观艺术设计与心理精神生态的关系，主要介绍城市景观艺术设计如何运用生态视知觉各要素，如形态感、色彩感、空间感、尺度感、节奏感、质感、光感、错觉和信息处理等，来让人产生不同的心理反应，通过丰富、动感、软化、联系、假象、弥补、引导和虚实等具体艺术形式，对不良环境所导致的心理失衡现象进行心理调节和补偿，以优化心理生态环境，营造完形、夸张、含蓄、愉悦、趣味、轻松、神秘、隐喻和幽默等不同的心理生态环境。

第三章从城市景观艺术设计与文化精神生态的关系出发，阐述要解决文化上的精神生态危机，城市景观艺术设计必须加强艺术化、人情化和多样化，创造出人性的精神空间，以达到艺术对人的文化精神生态失衡的治疗和人、自然、艺术、精神的有机整合。文化精神"生态场"影响着大众的价值观念，推动着历史的发展。

优秀设计作品的存在，潜在地表达着设计师的设计理念和精神，是"能引起诗意反应的物品"，是设计追求的一种无目的性的抒情价值。众多的优良设计组成一个宜人的物态环境和生活场景，不仅可以给人带来各种生活的便利，而且给人以美的甚至是高尚的享受。这一现象实际上表明：优美的物态环境的情感设计改变和塑造着人美和善的心灵，辅助精神的治疗。城市景观艺术设计应面向这样一个新的生态学时代，加强精神生态价值观，使精神生态与自然生态同样和谐，引导人获得一种诗意的都市栖居，真正实现城市景观艺术设计对人的终极关怀。

第四章从城市景观艺术与精神生态变异方面，分析精神生态的失衡、变异等因素如何加速了城市景观艺术的多元化发展方向。设计师需要从更多的维度去探索符合社会发展和人们需求的艺术作品，变态设计以更加本真的面貌在探求艺术与生活、艺术与生态真正价值关系的过程中展示了其独特的魅力，"变态"设计过程中所独有的自由和非理性的造型方法正是艺术家创新所需要的。通过心理学中的禁果效应与答布效应，设计师将公众的"变态"心理进行运用，产生了裸露的性、叛逆的幻想、本能的死亡、好奇的异形、露骨的讽刺、时光的记录、趣味的互动等慰藉人们精神的城市景观艺术设计题材。最后利用案例对于"变态"设计与环境的关系进行分类研究——大到城市的依从关系，小到街道的合离关系，以及"变态"设计与广场、公园、建筑和自然无形体等，并对中外城市景观艺术的非理性设计进行了对比研究，提出了差距存在的根源所在，并希望以此拓展城市景观艺术设计与精神生态的研究领域。这些所谓的"变态"设计从不同的维度展现了一些非主流、非常规的设计手法，传达出相对非理性的超前思维方式，为景观提供了无限的创造潜能和审美视野，使景观艺术呈现出差异性、多元性和自由性，同时也加强了景观艺术的包容性，对于抵制审美惰性和专制、激活主体创造、改变审美意识也起到了积极作用。

　　本书稿完成得到了北京交通大学建筑与艺术学院多位硕士研究生的帮助——尤其是作者指导的研究生徐炎炎同学对于变态设计的思考。李娅同学帮忙检查整理了绪论和第一章的文字，王佳慧同学帮助检查整理了第二章的文字，姜雨雯同学帮助检查整理了第四章的文字，王立蒙同学不仅帮助检查整理了第三章的文字，而且帮助作者完成了全书的统稿工作，在此对他们不遗余力的帮助致以衷心的感谢！

　　特别感谢中国建筑工业出版社的张幼平编辑和费海玲编辑，没有他们的倾力相助和宽容相待，这本书是不可能问世的。

　　作者期望本书可以给读者提供一些精神生态和艺术设计之间多种联系的思路和启发，为我国设计专业创新思维的建立发挥一点作用，希望有更多的年轻学者对这个领域进行更加深入的探讨和发掘。日常教学和行政管理工作任务繁重，使得我力不从心，致使此书编写时作时辍，难以殚心竭力达到理想境界，所以面对读者和相助的众多朋友，我心存惭愧，在此诚恳地希望同行专家与广大读者不吝指教。

王丽君

2013年2月于北京交通大学

目　录

绪论　现代人的精神病症

第一章　精神生态与艺术

第一节　现代生态学的人文扩展 / 008

第二节　精神生态 / 010

第三节　艺术与精神生态 / 012

第四节　艺术在未来生态社会 / 015

第五节　城市景观艺术设计中的生态观 / 017

第二章　城市景观艺术设计与心理精神生态

第一节　城市景观艺术设计与生态视知觉 / 029

第二节　城市景观艺术设计与心理生态环境 / 069

第三章　城市景观艺术设计与文化精神生态

第一节　文化精神生态的内涵 / 090

第二节　城市景观艺术与文化精神生态境界 / 100

第三节　余论 / 108

第四章　城市景观艺术与精神生态变异

第一节　精神生态变异的设计——"变态"设计 / 112

第二节　基于艺术家"变态"心理的城市景观设计 / 121

第三节　基于公众"变态"心理的城市景观设计 / 138

第四节　景观艺术"变态"设计与城市环境 / 163

第五节　中外城市景观艺术"变态"设计性格倾向 / 176

第六节　余论 / 185

参考文献及图片来源

绪　论
现代人的精神病症

人只有远离家园，
沉入无家可归之境，
才能体认自己的本真故乡。
　　　　　——荷尔德林

工业社会和后工业社会的迅速发展让人类沉迷于科学技术的高超和美妙，但 "水能载舟，亦能覆舟"，科技带来的不仅是福祉，也有难以抗拒的灾难；当灾难深重的生态危机频频出现之时，人类才意识到自然存在的多样性和科学技术所带来的负面影响，才觉察到运用技术手段和理性思维摆布自然的方式造成了怎样的生态异化。类似的哲学理念、价值观念、道德意识和伦理导向已经引导人类社会走上了一条满是生态危机的凶险之路，大气污染、地面塌陷、水体污染、电子产品垃圾污染、温室效应、臭氧层破坏、土地沙漠化、海洋生态危机、绿色植被锐减、物种濒危和人口增长过速，这一系列的问题都危及着地球上每个生命的生存和发展。人类创造的远离自然的城市环境，对人类生理、心理产生了很多负面影响，人与自然在疏离，人与人在疏离，人与自己的内心世界也在疏离。现代人面临着严重的生理、心理和社会文化等多方面的生态失衡。

城市中很多设计师单纯为了环境外观的新颖独特，刻意创造一些近乎奇形怪状的设计形态，以此来博取大众的眼球，却忽视了为"人民" 服务这一绝对性理念，舍弃了环境中有利于人生存的元素。这既造成了各种资源的不合理运用，又降低了城市的审美品位，如在建筑设计中大量使用辐射高又不隔热的玻璃幕外墙和空调。依赖巨大能源消耗来应付不必要的冷热负荷的建筑，不仅形成了不健康的内部环境，而且还造成了城市病、高楼症，同时也产生了很多心理上的不适：单调死板的现代主义建筑外观造成的单质视野和玻璃幕墙造成的有害视野，会使人产生视觉饥渴和烦躁心情；建筑物彼此相似、重复性的街道模式以及封闭无窗的建筑内部空间等单调乏味的城市环境，易造成人们无聊和寻求刺激的心态，在一定程度上会诱发犯罪和破坏行为。此外，在现代城市中还充斥着粗俗的"波普气"，商家为了增强商业效果，使人们被动而茫然地接受那些粗野的建筑装饰色彩、刺目的广告，再加上拥挤的人流，嘈杂的声音，所有这些将造成信息超载，使人疲惫不堪。工作压力、赶路、拥挤、噪声、空气污染等背景应激物持续重复干扰着人的日常生活，潜移默化地影响着人们正常的情绪状态和原本良好的个人心境。长期不良的心境会干扰人的正常思维，损害人的免疫功能，形成事故或重大疾病的隐患。

此外，大多数的现代人选择把自己封闭在有空调的室内，隔绝了与自然的接触，很少能够与大自然中的一片生机进行对话和交流，看不到 "小荷才露尖尖角，早有蜻蜓立上头"的美好画面，只是在代替森林的钢筋水泥高楼中独自做着自我的独白。他们体验不到自然的温度，感受不到明媚的阳光，呼吸不到新鲜的空气，一年四季的变化体验基本上也无法存留，失去了四季的概念。大自然对于人类来说有着无可替代的重要意义，是人类社会的精神家园。我们所生活的城市发展迅猛，楼房一天比一天高，这是人类的一项伟大成就，但是当你走到自然中去，尤其是到了沙漠、草原和戈壁之后，才会发现大自然的伟岸和人类的渺小。只有我们真正懂得了大自然的美好，才会感悟到在城市中生活的人群离大自然还有多远的距离。自然界中春夏秋冬四季的变换都有代表的特征，在自然中可以充分感受温度的变化、湿度的变化，可是城里的人因为空调或一些高科技产品已无法充分体验这一切，他们会把温度调成夏天的温度或者冬天的温度，不像牧民或者戈壁滩上的农民，完全通过自身感受来体验大自然的魅力。人是从自然中来的，也要回到大自然中去，要去体验大自然的生活，彻底地、放松地、全身心地感受大自然，因为人是大自然的一部分。

更严重的是，激烈的社会竞争环境简化了人们的精神生活，物欲文化严重地侵害着人的健康心态，使人迷失了精神家园，人与自我内心世界疏离，人性无法全面发展。当上帝和神灵从世上消失时，社会的本质就清晰可见了，我们的地球演化成了一颗"迷失的星球"，而本来仅仅附着在大地上的人则被连根拔起，遗忘了精神与灵魂的存在。生态危机正在从自然领域、社会领域逐渐侵入人类的精神领域，人类的精神正一步一步走向污染和病态的深渊。

精神污染，指由物欲文化所导致的人性的变革和扭曲、人与人的疏离、精神世界的抽空、信仰的丧失、现代社会中科技文明环境对人的健康心态的侵扰等。这些冲击造成了社会关系紧张，心理问题激增，社会道德观、价值观混乱等问题。金钱成了衡量价值意义的唯一标准，每个人每天都在重复着同样的生活，为生存和致富不停忙碌着，很少有闲暇停下来认真思考人生的真谛。纯洁心灵的拜物演化，给人类社会的精神世界蒙上了一层物质色彩，在竞争和拼搏的社会气氛中，友爱、团结、同情、信仰、梦想丧失，人际间真诚无私的合作精神、自我审视能力也在丧失，取而代之的是人的感悟能力的贫瘠，记忆想象力的迟钝，审美能力的退化以及对人生价值追求的迷茫。

拼凑式的生活、程序化的工作、支离破碎的文化，使现代人忘记了对理想和个性的追求，遗失了追求人生终极价值的目标。精神中心的失衡，致使人们的自信心严重不足，轻易地舍弃自我的立场，在社会生活中随波逐流，成了这个时代的精神流行病。现代人那些富有想象力、创造力的思维形式已经被瓦解得杳无踪影，只剩下无处安放的惆怅、寂寞、软弱、空虚，表现出来的症状便是抑郁。人类的困惑，进而带来焦虑、烦躁和不安，这些情绪在当代都市人中广泛蔓延。人们在隔膜中失去了交往的价值及亲情的价值，都市人精神上患上了忧郁症和精神分裂症。在都市的文明"碎片"中，如雨后春笋般兴起了各式各样的心理咨询服务机构，人们不愿向亲朋好友倾诉衷肠，而选择与陌生人进行心灵沟通。网络交友、电话交友的人越来越多，广播电台的交友热线节目收听人数暴增，在这些数字背后隐藏着一个又一个心灵备受压抑、倍感孤独隔膜的都市人，他们只能选择这种方式作为无处宣泄的精神寄托处和爆发点。在开放化、多元化的浪潮中，城市人之间共同的追求和规范所剩无几，人们面对的是不断的分离：人的分离、信仰的分离、家庭的分离。种种的分离导致亲情、友谊、理解与共识成为都市人普遍渴求的稀缺资源。填补精神空虚的途径往往是吸毒、自杀和暴力犯罪，还有一些人借助宗教寻求空虚绝望中的解脱，却很容易成了被封建迷信和邪教组织利用的工具。

美国政治家、环境专家阿尔·戈尔（Albert Arnold "Al" Gore，1948年~ ）[①]在他的《濒临失衡的地球》一书中指出，环境危机从本质上说就是都市文明和生态环境之间的冲突，我们似乎日益沉溺于技术、文化、媒体和社会迅速发展的表面繁荣中，但付出的代价是丧失了自己的精神生活。我们对地球以及社会生活的体验是由一种心灵内在的需求来控制的，凭借这种内在需求，我们把自己的感受、情绪、思维与我们周围的事物组成一个新的"生物链"。在科学技术高速发展的冲击下，人类的这种"生物链"彻底失去了平衡，人们在物质生活的提

① 戈尔，美国政治人物，曾于1993年至2001年间在比尔·克林顿掌政时担任美国第四十五任副总统，其后成为一名国际上著名的环境学家。戈尔经常以全球暖化问题作为公开场合演讲的主题。2006年，戈尔推出了自己参与制作和演出的纪录片《难以忽视的真相》（An Inconvenient Truth），主要讲述了工业化对全球气候变暖和人类生存的影响。此片在西方国家引起了极大反响，并获得第79届奥斯卡金像奖的最佳纪录片与最佳电影歌曲奖。在他的组织下，全球于2007年7月7日举行了Live Earth全球抗暖化明星接力演唱会，深获好评。戈尔在环球气候变化与环境问题上的贡献受到国际的肯定，与政府间气候变化专门委员会共同获得2007年度诺贝尔和平奖。

高中迷失了精神的向往，更深层的生态危机已经侵蚀到人的精神领域。人类必须转向一种对环境和生命的新的态度——重视精神生态。

第一章
精神生态与艺术

　　艺术使我们想起动物活力的状态；它是生命感的高涨，也是生命感的激发。分子内部的精神能量运动，大脑皮层神经细胞的能量活动，个体人的感觉、知觉、情绪、情感、意向、思维、言语活动以及个体人的机体行为，乃至群体的社会的精神活动、文化运动联结成一个整体，一个运动着、绵延着、相互作用着、不断更新创造着的系统。

——尼采

第一节　现代生态学的人文扩展

1866年，德国动物学家、哲学家恩斯特·海克尔（E.H.Haeckel，1834～1919年）[1] 提出了"生态学"的概念。海克尔认为生态学是一门研究生物体与其周围环境（包括非生物环境和生物环境）相互关系的科学，同时又指出，生态学只不过是生物学的一个小的分支。生物学的研究对象向微观和宏观两个方面发展，微观方面向分子生物学方向发展，生态学是向研究宏观方向发展的分支，是以生物个体、种群、群落、生态系统乃至整个生物圈作为它的研究对象。生态学也是一门综合性的学科，需要利用土壤学、气象学、地理学、地质学、物理学、化学等各方面的研究方法和知识，它将生物群落和其生活的环境作为一个互相之间不断进行物质循环和能量流动的整体来进行研究。

20世纪以来，由于人口的快速增长和人类活动干扰对环境与资源造成的极大压力，人类迫切需要掌握生态学理论来调整人与自然、资源以及环境的关系，协调社会经济发展和生态环境的关系，促进可持续发展。因此，生态学已经开始出现由自然科学向社会科学以及其他人文学科扩展的趋势，生态学者的聚焦点也慢慢地从自然生态学、社会生态学扩展到人类的文化生态、精神生态层面上来，显现出浓厚的人文色彩和对人类更深层次的关怀。

"生态学在分类上常见的提法有自然生态学、环境生态学、景观生态学、社会生态学、文化生态学、人类生态学、人口生态学，近期又出现了政治生态学、经济生态学、女权生态学以及生态哲学、生态伦理学、生态法学、生态美学、生态神学、生态文艺学。"[2] 生态问题早已从自然界延伸到人类社会的政治、经济、文化领域以及个人的精神生活领域，生态运动已触及当代社会人生的各个敏感部位。由此看来，现代生态学

①恩斯特·海克尔，曾任耶鲁大学动物学教授，是最早绘制动物系谱图的学者之一。海克尔大力支持达尔文的进化论，推动了继达尔文之后生物学研究的开展，并通过对胚胎学、形态学与细胞理论的研究使生物学研究的范围不断扩展。著有《生物体普通形态学》、《创造的历史》、《人类的进化》、《宇宙之谜》、《放射虫目》等。

②鲁枢元. 生态文艺学. 陕西人民教育出版社，2000. 144.

已经形成了一个整体的、系统的、有机的、动态的、开放的、跨学科的研究体系。

　　生态，简单地说就是指一切生物的生存状态，以及它们之间和它与环境之间环环相扣的关系。生态的产生最早也是从研究生物个体而开始的，嗣后"生态"一词涉及的范围越来越广，人们常常用"生态"来定义许多美好的事物，如健康的、美好的、和谐的事物等均可冠以"生态"修饰。当然，不同文化背景的人对"生态"的定义会有所不同，多元的世界需要多元的文化——正如自然界的"生态"所追求的物种多样性一样，以此来维持生态系统的平衡发展。和谐的生态指的是人与环境有一种自然而然的生命存在状态(或把这种和谐理解为一种秩序和平衡)，它应该包括人与自然、人与社会和人与自己的精神三个方面。生态学的基本存在方式就是一个有机系统，它最神奇、最理想的状态应当是处于一种"动态平衡"之中，是最自然的状态。生态观念的本质是一种思维方式，它包括整体有序、节能节材、循环再生、反馈平衡以及自然化、多样化、个性化、人性化等。当代的生态观念发展到不仅包括人类和其所处的自然生态系统的关系以及面对这种关系所持的态度，而且包括把自然生态概念的原则扩大化、宽泛化运用于其他系统。

　　如今的生态学，已不再作为一门专业性学科为大众所认识，而是演变为涉及自然、社会、环境、物质、生命、政治、文化等方面的综合学科，特别是系统论、控制论、信息论概念和方法的引入，促进了生态学理论的发展，使其逐渐形成一种崭新的、有发展潜力尚且有待进一步完善的世界观。生态主义思路通常被认为是一种整体主义思路，即从生态系统的内在关联性导出各种存在物的内在价值。

　　德国社会学家阿多尔诺（Theoder Wiesengrund Adorno，1903～1969年）[1] 把人与自然的关系总结为三个不同的层面：一、自然作为认知的对象，自然成了自然科学；二、自然作为

①阿多尔诺，德国法兰克福学派的主要代表之一，曾任法兰克福大学社会学和心理学教授，德国社会学协会主席。1938年应霍克海默邀请前往美国参加社会研究所的工作。曾主持编著《专横的个性》一书，从心理学和艺术方面对法西斯主义进行批判。1947年与霍克海默合著《启蒙的辩证法》，1966年发表《否定的辩证法》。阿多尔诺在哲学、社会学、美学三个领域造诣颇深，力图使社会研究所成为具有批判思想的青年知识分子的核心，组织编辑出版了几十本有关社会批判理论的丛书，从而扩大了法兰克福学派在国内外的影响。

使用的对象，自然成了生产资料；三、自然作为审美的对象，自然成了"文化风景"，成为艺术，甚至成为艺术作品的楷模。由于现代社会疏忽了人与自然之间的审美关系，仅仅把自然当作生产资料与科学把握的对象，因此现代社会经常处在一个支离破碎的危机状态。

在科学、文化、教育、经济等诸多领域经历一系列的变化和发展后，我们进入了后现代社会。后现代社会是对现代社会的继续和强化，社会的发展将会带来更多的生态问题需要我们去面对和解决，"后现代社会"应当与"生态学时代"联系在一起，把文化因素、精神因素置入当代社会面临的生态问题之中，把握好文化、精神与工业、技术的关系，使它们在一定的社会条件下和谐共处、共同发展。

第二节　精神生态

国学大师梁漱溟（1893～1988年）[①]在谈论到人的复杂性时，列出了三重关系，分别是人与自然的关系、人与人的关系以及人与自我精神的关系。现实生活中人的存在既是生物性的又是社会性的，同时更是一种精神性的。德国存在主义哲学家、神学家、精神病学家雅斯贝尔斯（Karl Theodor Jaspers，1883～1969年）曾说："人就是精神，而人之为人的处境，就是一种精神的处境。"[②]因而生态学基本上可以划分为三大领域：一、以研究自然界为主的自然生态学；二、以人类社会的政治、经济生活为研究对象的社会生态学；三、以人的内在心理与情感精神生活为研究对象的精神生态学。

何为精神？历史学博士张三夕[③]曾这样定义：精神是与人的生理、心理、心灵相关的状态，其中包括神经系统的状态、情绪感觉的状态和道德信仰的状态。

精神生态学是一门主要研究人的精神性存在主体与其周边

①著名思想家、哲学家、教育家、社会活动家，爱国民主人士，著名学者、国学大师，主要研究人生问题和社会问题，现代新儒家的早期代表人物之一，有"中国最后一位儒家"之称。梁漱溟受泰州学派的影响，在中国发起过乡村建设运动，并取得可以借鉴的经验。著有《乡村建设理论》、《人心与人生》等。

②[德] 卡尔·雅斯贝尔斯. 当代的精神处境.

③现为华中师范大学文学院教授，博士生导师，文学硕士，历史学博士，著有《批判史学的批判》、《死亡之思与死亡之诗》等。

生存的自然环境、社会环境以及精神环境相互关系的学科。它不仅关涉精神主体心理、心灵的健康成长，还关涉一个在精神变量协调下的生态系统的平衡、稳定和演进。它是研究人们的主要精神活动，如信仰、意向、向往、想象、爱情、审美、语言，以及它们与自然生态系统、社会生态系统的关系的学科。

精神生态中有循环着的精神能量，其中最具活力的是艺术信息。德国著名哲学家尼采（Friedrich Wilhelm Nietzsche，1844～1900年）[①]曾说过，艺术使我们想起动物活力的状态，它是生命感的高涨，也是生命感的激发。分子内部的精神能量运动，大脑皮层神经细胞的能量活动，个体人的感觉、知觉、情绪、情感、意向、思维、言语活动以及个体人的机体行为，乃至群体的社会的精神活动、文化运动连接成一个整体，一个运动着、绵延着、相互作用着、不断更新创造着的系统。可见艺术对我们每个人的精神状态甚至整个社会的意识形态都有着极其重要的影响。

艺术信息是一种特殊的信息，它注定是无法离开人的知觉情绪状态乃至人的文化活动而单独存在的，相较于科学信息来说它应该是更直观的、感性的、抽象的乃至蕴藉的。相同的信息源对于不同的信息接受体所散发的信息可以产生千变万化的差异。在接受艺术信息时，接受主体总是会展现出更主观的目的特征与选择特征，在自己固有的信息贮存基础之上，接受主体社会背景和历史文脉以及个人经历的差异，会给接受的信息贴上自己个性与心灵的标签，从而使信息的内涵变得更不确定。

艺术可以给人类带来一个全新的生态场，这是一个在高层次中运转，却可以只耗费很低的物质能量的生态场。艺术创造和艺术鉴赏能够给人带来一种强烈的精神共鸣，在生理方面和心理方面均有表现，如耳聪目明、浑身清爽、呼吸顺畅、思如泉涌、精神饱满、激情冲荡、心绪昂扬、神思勃发，可以带给现代人缺少的精神上的优越感和不至于骄傲的自信心。这种精

①尼采，德国著名哲学家，西方现代哲学的开创者，同时也是卓越的诗人和散文家。他最早开始批判西方现代社会，然而他的学说在他的时代却没有引起人们重视，直到20世纪，才激起深远的调门各异的回声。后来的生命哲学、存在主义、弗洛伊德主义、后现代主义，都以各自的形式回应尼采的哲学思想。

神共鸣通过神经中枢运送到人的各个部位，是一种感性而又情绪、切实而又浑然的全方位体验。艺术作为一种人的生命本真活动，在各个方面都能显示出它救治文明偏颇、人性干涸的无穷魅力；艺术作为一种精神产品，又具有无限发展的趋势，并在整个社会产品中占有越来越大的比重。艺术价值是很重要的精神价值，其客观作用在于调节、改善、丰富和发展人的精神生活，提高人的精神素质（包括认知能力、情感能力和意志水平）。因此，在当代社会高度数字化和机械化所连带出的一系列文化萎靡和精神风险的情况下，唯一能够救助人类的，也许就是人类天生所拥有的审美冲动和文学艺术的创造精神。

第三节　艺术与精神生态

艺术是一种很重要、很普遍的文化形式，有着非常复杂而丰富的内容，它是检验人类精神幻想的直接标准，是精神境界的最高乌托邦之一。艺术之所以能够居于最高层次，是因为艺术是人的本质力量的外化，它直接与人生理想、人格精神结合。尤其是在尼采宣称"上帝死了"之后，人们的精神无从解救，艺术便应运升华为类似宗教般的精神形式，成为人类精神得以救赎的方式之一。

文艺理论家钱谷融[①]在《艺术本体论》中指出，"真正的人"与"真正的艺术"同质同构。钱谷融把艺术看作"生命现象"，这不但表现在艺术自身的生命活力方面，还表现为艺术必须把与之有关的一切对象全部当作有生命的事物。只有艺术才能最称职地解读出自然的精髓，因为只有艺术才能将自然界的生命把握得恰到好处。

美国学者苏珊·朗格（Susanne K.Langer，1895～1982年）[②]在《艺术问题》一书中把艺术视作一种符号和形式，而它们都是存在于富有情感和意味的基础之上的，与人类的情感、与生

[①]文艺理论家，《文艺理论研究》主编，长期从事文艺理论和中国现代文学的研究和教学，著有《论"文学是人学"》、《文学的魅力》、《散淡人生》等。

[②]苏珊·朗格，美国符号论美学家。苏珊·朗格系统地发挥了卡西尔的符号论，使符号论美学自成一派。她吸收了逻辑实证主义者I.A.瑞查兹的语言方法，把符号区分为推理的符号（语言符号）和表象的符号（非语言的符号），并进一步发展了非语言的符号论——把艺术视为具有表象形式的独立符号，即表现情感意义的符号。苏珊·朗格继承了卡西尔的观点，反对科林伍德的表现说，认为"艺术是人类情感的符号形式的创造"，强调艺术表现的是人类情感而非艺术家个人的情感，因此，她区分了"表现"和"自我表现"。

命的形式是一致的。艺术符号告诉我们事物的具体状态，并使心理活动从一个对象转到另一对象，从而把不同感觉的信息连接起来。它是开放的、运动的、不停息的、生长着的，它一方面体现人类数百万年来沉淀下来的灵感和智慧，一方面也承载着艺术家在实践中萌发的灵感和感悟，从而能够在艺术的形式或符号上增添一些属于自己的生机和活力。

艺术中有很多富于生态学理念的观念，如含有生气、生机、生长、生命、生殖之意的"生"的观念，含有和平、和善、和美、和谐之意的"和"的观念，含有合作、合谋、综合、融合之意的"合"的观念，含有进取、进化、进步之意的"进"的观念，等等，它们都合理地汲取了中国道教、印度佛教以及古代艺术美学中敬畏生命的观念，找到了与艺术本体特征的切合点，能准确揭示艺术与生态学真实而微妙的关系。艺术是一个不断生长着的有机开放系统，每一件艺术品都应当是一个有机的形式，任何一个成功的艺术品都像一个高级的生命体。

人类的艺术活动由来已久，这与人类的整体存在状况密切相关，它既是一种幻化高蹈的精神现象，又是一种联系自然的生命现象。它与宇宙间独一无二的地球生态系统血肉相连，同时本身也是一个不断生长着的、有机开放的系统。目前看来，艺术活动中存在着生物圈内数量繁多的生物体，相当于艺术活动范围中的创作人、鉴赏人以及评论人。人类所进行的艺术活动拥有一个固定的环境及氛围，即人类赖以生存的世界和人所存在的自然环境、地理环境、社会环境、文化环境、政治环境，还包含近年来人们所推崇的精神氛围。

前面所提到的创作人、鉴赏人以及评论人，在艺术活动中恰恰对应生物体中的生产者、消费者和分解者。不过，我们不能这样简单地分析，因为艺术领域中的情况更为复杂，在创作人创造出新的艺术作品后，由于背景和过往经历的不同，鉴赏人、评论人会不由自主地在艺术作品所传达的信息之上附加一些原本只属于个人层面的信息，经过思维认识的再度加工后形成一种新的艺术形式。艺术的消费不仅是消费，同时也是创造。艺术领域内各组成部分的脉络是很清晰的，从感受、体验、创作到出版、展出、欣赏，再到批评、组织、管理，虽说它们处于不同的等级和层面，但却是在这个基础之上紧密联系着的。在艺术活动中，系统内部存在着大量的信息流动，艺术符号对此的贡献不胜枚举，精神层面上能量的交流也可以得到充分的体验。

除此之外，还有物质方面的流动，包括作品赖以表现和传播交流所必须的媒介，都类似生态系统中的物质流动功能。艺术活动中信息以及能量等的流动过程是彼此交互的、反馈的、循环的。艺术领域有很多不同的门类，如绘画艺术、雕塑艺术、建筑艺术、设计艺术等，由于种类繁多，它们之间互通有无，又拥有很强的自调能力，各类别之间或渗融互补，或侵蚀吞并，其消涨起落随处可见。从艺术史中不难发现，艺术在时间和空间维度中是均衡运动着的，其繁荣与衰败和时代、地域、种族这些因素存在某种联系，是动态中的平衡，即生态"演替"。

当代艺术的一个重要特征是生态艺术的全面兴起。20世纪90年代那些具有引导性的艺术家，大部分作品都是涉及生态环境的。所谓"生态艺术"，应该可以归结为包含自然生态、社会生态和精神生态三组相关内容和探讨话语的概念。自然生态，是人类赖以存在的生活物质环境、可持续发展的有机资源；社会生态，即人类现已有的法学意义上的外在制度系统；精神生态则是人类生存所必须的精神依据，它包括人类的心理感受、人文传统及其为传统所添加的共时性创造意识。在这三组逻辑关系中，社会生态受精神生态的一部分意识制约，进而影响并改变自然生态。

马克思曾给予现代人"自然向人生成"的思想启示，指出自然与人的关系是世界本体的基本问题，还进一步揭示了自然向人生成的规律，人是由自然界生成的，这就是他关于自然与人的整体关系的生成本体论思想。我们可以从艺术与人类及艺术与世界的生态关联之处着眼，用生态的世界观或哲学观来理解艺术，在纷繁复杂的艺术现象与观点背后发现它统一的内在秩序，从而实现对长期困扰人类理性的人本主义美学与科学主义美学之间分裂与对峙的整合。

艺术生态学是一个很大的范畴，包括如总体性的艺术生态场范畴，作为子系统的艺术主体生态系统范畴、艺术本体生态系统范畴、艺术功能生态系统范畴，以及艺术生态位、艺术生态资源、艺术生态结构等范畴都是其理论结构的支撑点，它们都做到了艺术哲学与生态学的充分融合，能恰到好处地表达艺术生态观念。

人本生态观所建构的艺术美学理论构架以把自然、社会、文化作为人类存在的生存整体为前提，是一种一元论的艺术美学理论构架。它以"自然向人生成"的生成本体论观点来看待艺术作品这种"客观之物"，对科学主义美学进行了人本主义的综合。它以生态观念看待艺术作品的"主体性"，对人本主义美学进行了科学主义的综合，这种综合思维既贴近人类的生命本源，也贴近艺术的本体之性，可以称得上是对艺术美学的返本之思，其意义显而易见。

第四节 艺术在未来生态社会

英国哲学家A.N.怀特海（Alfred North Whitehead，1861～1947年）①从其有机整体论出发，认为在人类的身上存在着两种不同性质而又密切相关的力量：一种表现为宗教的虔诚、道德的完善、审美的玄思、艺术的感悟，一种表现为精确的观察、逻辑的推理、严格的控制、有效的操作。科学的认知既不能包容更不能取代审美的感悟，而审美境界总是与自然密

①怀特海，现代著名数学家、哲学家和教育理论家，"过程哲学"的创始人，曾在伦敦大学和哈佛大学任教。怀特海一生在数学、哲学、教育等领域留下了大量著作，主要有《泛代数论》、《数学原理》（与罗素合著）、《相对论原理》、《自然知识原理》、《科学与近代世界》、《过程与实在》、《观念的历险》、《思维的方式》等。怀特海受直觉主义的影响，反对"科学的唯物主义"，认为自然和宇宙不是由物质组成的，而是由连续不断的经验的事物和独立存在的"永恒客体"结合而成。怀特海一方面强调现实世界的存在离不开个人感觉，认为在人的直接感受之外不可能有任何独立的客体存在，另一方面又承认上帝的存在，把主观唯心主义和客观唯心主义混合在一起。

切相关，伟大的艺术就是处理环境，使它为灵魂创造生动的、转瞬即逝的价值。

德国哲学家黑格尔（G.W.F.Hegel，1770~1831年）[1]认为，艺术本质上是一种内在的生气、情感、灵魂、风骨和精神，艺术的美感来源于感觉、感情、知觉和想象力的交织，不是经过一系列逻辑的思考过程产生的，而是通过感性的思维方式表达出来的最高形式。在黑格尔看来，艺术遇到了困难，遇到了危机，就它的最高的职能来说，艺术对于我们现代人已是过去式了。因此，它已经丧失了真正的真实和生命，已不能挽回它从前在现实中的必要和崇高的地位。

我们所处的时代是一个贫乏的时代，人类情感的缺失、精神的匮乏、文化的外漏以及艺术的局限性都是造成贫乏的缘由。对于这一时代，我们的研究侧重于判断这个漏洞百出的时代是否还有可能获救，能否通过人类的努力创造一个不再贫乏的未来。这么说来，艺术的存亡实际上与时代的未来紧密相连。曾有人鼓动积极运用艺术来重放光彩，造就不一样的理想未来。理性来说，破碎的自然的缝合与衰败的人文精神的重建是一致的，我们可以把拯救时代的一丝希望寄托在艺术上。

综合评述，似乎艺术较之哲学、宗教来说，更能够反映和贴近真实的人性以及对于理想生活的表述，艺术通过它自身的表达方式让这个物化了的世界变得更为丰富多彩。随着社会的进步，艺术也在进步，社会的不断发展给了艺术一次又一次新的生命，而同时，我们也不能否定，艺术对于社会的进步也同样起着非常重要的推动作用。惟有艺术有可能在不打破人类原有生活规律和幸福潜能的原则下，对社会和自然进行重建修复。法国社会学家J.M.费里也曾经乐观地预言，未来环境的整体化不能靠科学技术或政治手段来实现，只能靠应用美学知识来实现，不久的将来，我们周围的环境可能会由于美学的重要作用而发生惊天动地的变化，生态学以及与之有关的一切，预

①黑格尔，德国近代客观唯心主义哲学的代表、政治哲学家。黑格尔对德国资产阶级的国家哲学作了最系统、最丰富和最完整的阐述。黑格尔的政治思想是西方近代资产阶级革命时期政治理论的终结，深刻反映了资产阶级革命的基本政治要求，其整体国家观对19世纪末、20世纪初的新自由主义产生过深远的影响。著作有《精神现象学》、《逻辑学》、《美学讲演录》等。

示着一种受美学理论支配的现代化新浪潮的出现。生态美学是一种包括人与自然、社会以及自身的生态审美关系、符合生态规律的存在论美学。生态学与美学的有机结合，实际上是从生态学的方向研究美学问题，将生态学的重要观点吸收到美学之中，从而形成一种崭新的美学理论形态。

艺术从实质来讲可归结为一种精神生活，它有希望从一些较高的层面对人类社会的生活乃至整个地球生态系统的平衡发挥重要作用，因此，选择生态学的视野角度，从人类精神生活的思想高度，来对艺术的特质、属性及价值意义进行重新审视，应当是很有必要的。

第五节　城市景观艺术设计中的生态观

城市景观艺术又可以称为城市景观公共艺术，是以城市环境为重点，着重研究公共空间范围内的艺术作品，包括自然景观、人工景观和人文景观，涵盖雕塑、壁画、装置、构造小品、水体、雕塑性建筑、城市公共设施、艺术性活动等诸多元素。设计的功能、形态、色彩、材料、象征所指和未来趋势等方面都是城市景观艺术的研究所在。随着自上而下的权力意志的消解，社会制度的民主、平等、开放，以及舆论与公众参与性的发展，城市景观艺术呈现着"公共领域"所带来的"公共性"，同时也要适应时代、空间、环境与人的需求。城市景观艺术是城市与人、环境与人、人与人交流的物质载体，无论宏观还是微观上，它都是城市发展中的重要角色，在美化城市、反映时代的同时更是对社会公众的关怀。公众心中的开放性与包容性加速了城市景观艺术的多元化，设计师则需要从更多的维度和层面去探索符合社会发展和人们需求的艺术设计作品。人们眼中的城市景观看起来是静态存在的，但它却是在变化中形成的。它是经过设计师和民众反复的经营、推敲、思考而形成的，优秀的城市景观会随着城市的不断发展而演变为城市历史不可缺少的一部分，它是城市文化的结晶，也是城市文明的代表。只有那些首先充分尊重并努力体现生活功能需要的设计形式，才能获得更高的社会价值，才能获得大众的认可。

人性，是自古有之、人皆有之的肉体因素与精神因素的综合，是区别于其他事物（包括动物、植物）而为人所独有的特性，它是人所普遍具有的习性。著名美学家朱光潜（1897 ~ 1986年）[①] 认为人性就是人类自然本性。古希腊有一个流行的文艺信条："艺术模仿自然"，这个"自然"主要就是指人性，人性就是从根本上决定并解释着人类行为的那些人类天性。人性是人的各种属性的总和，是自然属性与社会属性的辩证统一。马克思认为人的本质不是单个人所固有的抽象物，从其现实意义方面上来说，是一切社会关系的总和。人在社会生产中的"双重关系"决定了人具有的双重属性，即自然性和社会性。人性的具体内容，就是马克思所强调的要尽量发挥的人的肉体和精神两方面的本质力量。

审美冲动是人性的一种激烈迸发，是整体的自然的一部分，可将人的注意力集中导向自然之根。艺术审美力是人性的固有成分，它充分反映和展示在文化创造的各种形式之中。艺术作品中的人性化得到体现是艺术的本质特征，人性就是文学艺术美的本质因素。艺术主要表现的是人生，艺术诉诸的对象是人。艺术具有很强的号召力，它是一种呼吁，只有能在人心和人的情感深处求得回声和共鸣的艺术作品才是成功的，人们才承认它是美的，所以艺术应该大胆地表现人性美和人情美。

认识人性对于正确理解艺术设计，实现对人的生态关怀有更深层次的意义。人性化是一种理念，具体体现为在美观的同时能根据消费者的生活习惯、操作习惯进行设计，以方便消费者，既能满足消费者的功能诉求，又能满足消费者的心理需求。提倡人性化的设计，从对人的心理研究作为切入点来研究

①美学家、文艺理论家、教育家、翻译家，中国现代美学奠基人，著有《文艺心理学》、《悲剧心理学》、《无言之美》等。

环境，从环境中寻找线索和暗示，才能满足人的情感需求。人是社会关系的综合，人的本质以及人类的自然本性，是物质与精神的平衡，这也是艺术设计的本质因素。

城市景观艺术是以人为主，因人而存、因人而用的，处在城市环境里的艺术，应与城市环境的功能使用以及精神协调相一致，它本身应具有所处环境的人文精神和社会内涵，或者说它是所处的社会环境的一个经过加工的缩影。城市景观艺术设计必须建立在对现代人多方位分析的基础上，从生理、心理、精神各个方面实现对人的现实关注和终极关怀，深化生态观念，促进人性的平衡，从而达到全面发展。

生态观念会在很大程度上潜在地影响城市景观艺术，引导设计师的设计思维和设计原则。艺术设计生态观的核心是平衡——高科技与高情感的平衡、现代文明与自然生态的平衡，追求的是诗意——诗意的和谐栖居的境界，真正实现艺术设计对人的生理、心理和精神的全面关怀。城市景观艺术设计者以人体生态学、社会生态学、环境工程学、美学、心理学原理为基础，针对不同层次和不同年龄人群的生态需求，进行人居环境的生态设计和管理，对自然进行精神性的保护，使人和自然、人和人得以和谐共存，使居民的生理、心理和文化需求都能得到满足，使城市景观艺术和自然生态、社会生态与精神生态环境之间达到高度的和谐与平衡。

在自然生态方面，首先是把生态观引入城市景观艺术设计的材料和技术应用中。在材料选用上，设计应当充分体现生态观念，返璞归真，运用无污染材料和天然材料并保持它的淳朴宜人性，通过设计创造出一种无污染、利于人体健康的生态环境，强调人与自然的高度协调，避免使用人工合成材料对人体的某些伤害，缓解一些生理上的不适。生态设计要以促进生态系统良性循环为出发点，从根本上降低资源和能源消耗，杜绝或减少废弃物及有害物质对环境的污染，从本质意义上实现可持续发展。可持续建筑大师西姆·范·德·莱恩（Sim Van der Ryn）^①认为任何与生态过程相协调，尽量使其对环境的破坏达到最小的设计都称为生态设计。典型的生态设计有人归纳为3R取向，即Reduce、 Reuse、Recycle（小型化或降低能耗、重复利用和再生利用），具体表现为对资源材料紧凑合理运用的态度，如充分利用自然采光、自然通风和太阳能源，避免或尽量减少不合理人工照明、空调等电气设备的耗能浪费。生态观还会为设计师提供新的思考点和切入点。它能改变设计思考的程序，设计者的思考重点从如何美观和谐转变到设计对整个环境的影响，要对自然景观资源和传统景观资源合理地保护和利用，考虑材料的分解和废弃、材料可重复利用和再生使用、资源和能源消耗的减少以及对生态环境的破坏和干扰等，创造出既有自然特征、历史延续性，又具现代性的城市景观。这些新的思考点为设计师开辟了一个新的创造领域。

城市景观艺术设计是一种社会行为，它的出发点和归宿都是提供美好的环境以促进人的全面发展，不断满足人生理、心理和情感文化上的需要。我们要树立"以人为本"的设计理念。人作为城市景观艺术设计的审美主体，既是物质主体又是精神主体，因此城市景观艺术的生态设计，应该以人性为出发点，换位思考人们的生理需求和心理需求，更应具体到物质和精神两方面，关注人的自然生态和精神生态的平衡。因此，"以人为本"理念的体现，是衡量城市景观设计成功与否的重要标志之一。艺术设计作为众多设计范畴中的一种倾向艺术性的特殊行为，它的精神主体必须超越物质主体需要的满足，这意味着城市景观艺术设计能在改善人的社会精神生态环境方面发挥巨大作用。

精神与人的生理、心理、心灵息息相关，包括神经系统、情绪感觉和道德信仰等内容，所以人类精神生态大体上可以分为心理精神生态和文化精神生态，我们可以从两方面分别看它与城市景观艺术设计的关系。

第二章
城市景观艺术设计
与心理精神生态

城市是人性的产物，反过来它又塑造人性。如果我们不想随波逐流，将本性迷失在都市中的话，除了回归自然，保持与生态的心理和生理平衡外，还有其他路可走吗？

——《天安门广场上的风筝》

城市景观艺术体系的创立、设计和实践，必须服从人的生理、心理和文化需要，这便是城市景观艺术的实质内涵。环境心理学的基本观点认为，人的行为与环境处在一个互相作用的生态系统之中，城市景观艺术"只有关心人，以人为主"才有现实意义。

城市景观艺术作为艺术创作的一个分支，会呈现出各种各样的形式，探索各种设计因素对人的不同心理反应，对于实现艺术设计对人的全面关怀有着重要的现实意义。

优秀的城市景观艺术设计，通过有意味的形式及其组合秩序实现生活环境与人的协调，从而达到优化人的心理精神生态、减轻人的生活负担和提高生活质量的目的。城市景观艺术设计贯彻以人为本的原则，要体现心理精神生态设计，使设计符合人的心理特征，必须深入考虑人的生活方式和心理状态而不能固定化，因为人的生理和心理感受，会受到时间、空间、气候、季节、动势及社会诸因素的影响而不断变化。城市景观艺术设计应因时、因地、因人而异，根据城市居民的性格偏向、环境文脉及特殊需要，不断调整人与物之间的适应关系，以最大的灵活性和适应性来满足个性需求。

城市景观艺术设计中的心理精神生态涉及很多研究领域，其中触及最多的就是人体工程学。人体工程学又称"人体生态学"，体现的是设计师对人的无与伦比的体贴和爱护，它可使设计充满人性。生理和心理从来就是连身姊妹，心理感受的内容大多通过生理反应来体现。将人体工程学运用到环境设计里是典型的首先满足人们物理层次上的舒适感需要，再满足心理层次上的亲和感需要的设计方法。这是心理精神生态设计的一个重要内容。

随着生产力的发展，人类不仅要去改造大自然，更重要的是要学会如何与大自然和谐相处。同样，随着环境功能的实现，人们也要学会如何与环境亲密无间地进行交流。人与环境中的事物相互和谐地自然组合，就像鱼与水那样，总是依据各自的生存特点和生态需求，各取所需、相辅相成地生活在一起。这种相互协调的关系，既存在于人的肉体与物体的接触中，亦包括在人与物的交流所激发的种种愉悦、兴奋、放松的情感之中，这也就是人体工程学在精神生态上的意义。

在细部设计的处理上，更要体现出对人生理、心理的关怀，体现环境与人的沟通。细节不仅包括对公共设施每一体面轮廓的处理，还包括各种非凡的细节设计，体现出的正是设计师对人性化的特殊感悟力。有一些人性化的设计就只是在我们司空见惯的设计中加入小小的改动，而正是这微小的步履，使得设计实现了对人的现实关怀，实现了人与环境的互动。人性化设计使生活环境具有温情，从而消除了人与环境之间的隔膜。

人性化设计环境不仅给生活带来方便，更重要的是使人与周围事物之间的关系更加融洽。而非人性化设计却要使用者去琢磨它、理解它、适应它，甚至要迁就它，它使生活不知不觉地变得乏味和不便。人性化的产品会更大限度地迁就人的生活方式，体谅人的情感，使人感到舒适。

生态设计还应在人群细分上给人以足够的关爱，所以城市景观艺术设计不能忽视弱势人群的生态特点。弱势人群因自身的生理、心理特点对环境有着不同于常人的需求，整个社会环境系统应针对他们的需求进行设计，避免他们的自由行为受到限制。生态设计中的无障碍设计，就是要最大限度地通过设计手段，消除弱势人群生活的不便。无障碍设计是指无障碍物、无危险物、无操作障碍的设计，主要针对老年

图2-1（上）　为残疾人专门设计的街头矮小电话亭
图片来源／漆平. 现代环境设计·日本篇. 重庆：重庆大学出版社，1999. 101

图2-2（中）　盲人指路牌
图片来源／百度图片

图2-3（下）　日本筑波某住宅小区的儿童游乐设施和残疾人扶手
图片来源／百度图片

图2-4（左） 符合儿童生态特征的
儿童动物园指示板
图片来源/永辉 鸿年. 公共艺术. 北
京：中国建筑工业出版社，2002. 61

图2-5（右） 使用原色和动物造型
设计的座椅艺术品
图片来源/何晓佑，谢云峰. 人性化设
计. 南京：江苏美术出版社，2001. 190

人、儿童和残疾人的生理技能特点。如为残疾人专门设计的街
头矮小电话亭（图2-1），会使残疾人在心理上感觉更多的尊
重。日本多摩美术大学学生曾设计过方便盲人的指路牌，从而
给予盲人以心理安全感（图2-2）。日本筑波市某住宅小区的儿
童游乐设施和残疾人扶手的设计，体现出设计者对特殊使用者
的生理、心理关怀（图2-3）。

儿童是人类的未来，因此为他们所作的设计会产生格外重要
的影响。儿童在各个年龄阶段，都有知识水平、身体发育状况方
面的差异。他们在日常生活中涉及的面很多，因而可设计的面也
很广。设计要符合儿童的生理特点又要符合儿童的心理特征，如
埃林·泰纳设计的符合儿童生态特征的巴尔的摩儿童动物园指示
板（图2-4），法国女艺术家Niki de Saint Phall（1930～2002年）[1]
使用原色和动物造型设计的座椅艺术品，就很符合儿童的心理，
富有欢娱和生命的快感（图2-5）。

①法国雕塑家、画家和电影导演。

北京雕塑研究室的艺术家群体2000年曾做了一个名为
"2000阳光下的步履——北京红领巾公园公共艺术展"的集体
研究项目。坐落于北京市东四环的北京红领巾公园，其命名的
主题是关于一个时代的革命传统教育，相对于现代孩子的生活
来说略显老旧。作为一个专门为少年儿童设立的休闲娱乐和学
习的公共空间，红领巾公园中环境艺术的表达形式和题材必须

满足少年儿童特定的生理需求和审美需求，能够使作品本身和
观者的精神生态观产生互动，这就要求设计师们设计出的作品
在空间、结构、形态、功能、尺度、位置、材料、色彩等方面
能够达到平衡。

　　设计作品多反映了当代少年儿童绚丽多彩的生活。其中，
赵磊所创作的钢材喷漆小品《海之梦》(图2-6)，在茂密的树林
间置入海洋动物形象，各种颜色鲜艳的鱼儿浮动在大自然中，
让人感觉像遨游在大海之中一样，创造出梦幻般的环境。另一
个作品《欢乐虫虫》（图2-7），是一个长两米的卡通虫虫形
象。虫身是一条蜿蜒的隧道，儿童可以在里面跑来跑去，虫身
的两边腹侧是两排供人们休息的座椅，当座椅坐满时，人们的
腿就像是虫子的腿，人们的腿不断的活动也像是虫子在爬动一
样，充满了童趣。人与景观艺术的互动，会让整个空间都变得
富有人情味。雕塑作品《生命之源》（图2-8），以由低级动物

图2-6（上）《海之梦》钢材喷漆
（高500cm，占地400m²）
图片来源／http://www.dspt.com.cn/
vxkds/hong.htm

图2-7（下）《欢乐虫虫》钢板上
色(高200～300cm，长2000cm)
图片来源／百度图片

一路奔跑着、舞蹈着、改造着的形象，寓意着人类和文明的演变，让我们感受生命的活力和无拘无束的自然生活。

许庚岭《异形路灯》（图2-9）在方直的湖边，以突然出现的曲线，拉近了人与湖的距离，与湖水的静、湖岸的直形成鲜明对比，照亮人们的心理生态空间；而在《地之灵》（图2-10）中，绿色的地平线深处，是静静的湖水，它与岸边的绿树相映成心灵深处那一汪静水。每次走过，内心深处留存的童年记忆、儿时顽皮以及对自然的好奇、恐惧、渴望和敬畏油然浮现。这不仅是地之灵，更是找回自我的心之灵。

此外，小品《曲》（图2-11），是在绿与白布成的小花台上塑造的几个大红暖色的圆环，它们像蠕动的大蜗牛，使空间立刻变得活跃和温馨起来。《苏醒的圆环》（图2-12）是一个突然张开嘴巴的小花池，在空间错觉和强烈的立体感觉下，改变了空间的静态，赋予儿童夸张的想象力。《蝴蝶梦》（图2-13）是一组组花岗岩的大石头，上面雕刻有史前化石般的质感，作者以史前生物化石带来的环保主题，扩大了视觉美感范围。《河马》（图2-14）是散落在草地上的黑色花岗石河马造型，仿佛藏在水下偶尔露出头的真实河马。从远处看，它带

图2-8 《生命之源》（青铜、花岗石）
图片来源／百度图片

图2-9
图2-10
图2-11 图2-12
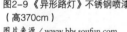

图2-9 《异形路灯》不锈钢喷漆
（高370cm）
图片来源／www.bbs.soufun.com

图2-10 《地之灵》
（冷拔钢，长1500cm）
图片来源／百度图片

图2-11 《曲》（钢板，高120cm）
图片来源／www.blog.163.com

图2-12 《苏醒的圆环》
（混凝土、砖头，高170cm）
图片来源／www.tourmall.cn

图2-13 《蝴蝶梦》（花岗岩，高50～100cm，占地300m²）
图片来源／百度图片

图2-14 《河马》（黑花岗岩，高50cm）
图片来源／
　　　　www.tourmall.cn（左）
　　　　http://tourmall.cn/spot/jd/3622.htm（右）

图2-15 《芽形座椅》（钢板着色，高230cm）
图片来源／www.zhuna.com

图2-16 《凉亭》（钢材喷漆、石头，高400cm）
图片来源／www.hljpark.com

图2-13
图2-14
图2-15 ｜ 图2-16

给人错觉和联想，使平凡的草地变得生动而富有未泯的童年气息。《芽形座椅》（图2-15）像一组跃动的波浪和萌发的春芽，红色曲线造型其实只是儿童座椅，简洁动态的设计使空间充满动感。《凉亭》（图2-16）则是一个巨大的鸟笼把玩耍的儿童罩在其中，营造了一个特殊的心理空间，作者似乎给社会提出了一个有关儿童成长的深刻问题。

第一节　城市景观艺术设计与生态视知觉

生态知觉理论是由美国实验心理学家詹姆斯·吉布森（J.Gibson，1904～1979年）[①] 提出的。吉布森的生态知觉理论强调人类的生存适应。首先，吉布森认为环境是一个有机的整体过程，人感知到的是环境中有意义的刺激模式，而不是一个个分开孤立的刺激。因此，人不需要从作用于我们的各种刺激引起的感觉经过重建和解释的中介去建立意义，这种意义已经存在于环境刺激的模式之中——环境知觉是环境刺激生态特征的直接产物。知觉是一个环境向感知者呈现自身特征的过程，来自环境的感觉信息基本是正确的，当有关的环境信息构成对个人的有效刺激时，会引起个人的探索、判断、选择性注意等活动，这些活动对于个人利用环境客体的有用功能尤其重要，人只有通过探索和有效地分配注意才能有所发现。其次，吉布森认为知觉反应是人的先天本能，感知觉是集体对环境进化适应的结果。人类生存环境的基本特征如上下重力、昼夜循环和四季变换等，相对于人类进化史而言是恒定的，这一恒定的大环境提供了孕育生命的条件。进化的成功需要精确反映环境的感觉系统的发展，因此机体的很多知觉反应技能不是习得的，而是遗传进化的结果。

马克思在《1844年经济学哲学手稿》中直接指出人类发展至今的本质。马克思以人的感觉为例，证明社会人的感觉不同

[①] 吉布森，美国实验心理学家，创立了生态光学理论。吉布森反对知觉的认知加工理论，认为知觉是一种直接经验，它的一切信息都由外界物体的光学特性所提供。1961年获美国心理学会颁发的杰出科学贡献奖，1967年当选为国家科学院院士。

于非社会人的感觉。社会人因为意识活动的频繁，感觉具有丰富性，如有音乐感的耳朵、能感受形式美的眼睛，总之，那些能成为人享受的感觉，就确证自己是人的本质力量的感觉。不仅包括五官感觉，也包括精神感觉、时间感觉（意志、爱情等）。总之，人的感觉、感觉的人性都是由于它的对象的客观存在性，由于人化的自然界，才产生出来的。马克思在该手稿中还认为应全面占有人的本质，一方面应占有以往人的感觉丰富性，另一方面，还应为了创造同人的本质和自然界本质的全部丰富性相适应的人的感觉。

感知是人和环境联系最基本的机制，人类的认识和现象的环境之间的结合点就是知觉。知觉本身是多方面的，有表现味觉、触觉和体内刺激等综合信息的知觉，也有涉及客观化和理解的视觉、听觉等种种知觉。在这些知觉的分析和综合能力中，视觉是最为敏感和准确的，一个良好的视觉环境可以使人们更方便地接受信息。中国古代也曾有"六根"和"四境"的说法，人的眼、耳、鼻、舌、身、心为六根，从而将人的各种感受归于色境、声境、香境、味境、触境和意境。佛教则把"景"、"风"、"心"、"色"归于四境。这实际在提示人们，在环境因素中除了要考虑自然因素、生物因素、社会因素、时间因素外，还应考虑人的心理因素、生理因素和行为因素。所谓"景观"就是视觉环境的总体，对其感受是一种综合的感受，它涉及色彩、形体、空间、质感，需要通过局部和整体、动态和静态等丰富的外部特征来获取各种局部感受和各种知觉的综合。

在城市景观艺术设计中，设计师对主体服务对象即使用者的充分理解是很必要的。在环境设计中，人首先具有动物性，通常保留着自然的本能并受其驱使，要合理设计，就必须了解并适应这些本能。同时，人又有动物所不具备的特质，他们渴望美和秩序。人在依赖于自然的同时，还可以认识自然的规律，改造自然，所以，理解人类自身、理解特定环境服务对象的多重需求和体验要求，是城市景观艺术设计的基础。

环境的美首先是一种感官知觉的享受，是人的一种生存状态和精神境界，它反映了人与外在世界关系的和谐性和丰富性。城市中的美不是事后思考的事，它是一种需要。人不可能在长期的生活中没有美，环境的秩序和美犹如新鲜空气和阳光，它们对人的健康同样必要。艺术设计上，有秩序的装饰可以作为一种表现空间来传达内心的情感和意念，它可以发挥心理平衡和精神补偿的作用，使其成为个人对环境空间的一种观念占有和符号表现。这些需要设计者运用生态知觉原理对生活环境各设计要素按一定的层次进行艺术的安排、合理的组织，形成视觉上的连续感和秩序感，以符合人的视觉流程并让人的心理产生愉悦。

一、形态感与心理精神生态

形态在环境感知中给人的心理感受是多种多样的。具体的视觉形象都有一定的形态诱惑性，包含着联想、悬念、感触、文化素养、欣赏格调等主观因素。在设计中要综合考虑各种形态及其组合形式给人心理上造成的正面和负面影响，使设计符合人的精神生态特征。直线单纯而明确，给人带来规整、简洁明快的感觉并富有现代气息，但过于率直简单又会使人感到缺乏人情味。与曲线适当配合可在视觉和心理上增加动态与活跃。因此在环境铺地图案设计上，应该作精心安排（图2-17）。

曲面常和曲线联系在一起共同为空间带来变化。在限定或分割空间方面，曲面比直面限定性更强。曲面内侧面有明显的区域感，曲面的向心暗示性可有较强的归属感和私密性；而在曲面外侧，人们会更多地感到它对空间和视线的导向性。通常曲面的表情更多的是流畅舒展、富有弹性和活力，为空间带来流动性和明显的方向性，引导人的视线和行为（图2-18）。

图2-17(左) 环境铺地图案设计
图片来源 / 百度图片

图2-18(右) 曲面的表情
图片来源 / 马一兵. 环艺形态应用. 重
庆：西南师范大学出版社, 2000. 22

图2-19 点、线、面要素的穿插
图片来源 / 同上. 21

点、线、面是造型艺术活动中的基本视觉元素，将点、线、面诸要素在城市景观艺术设计中穿插，会创造一个新的视觉形式，产生活泼生动的综合效果（图2-19）。多种元素的组合穿插会使人们的视知觉更具有丰富性，使精神得到更大的满足。

设计师应以特殊的视角来注视人们的生存空间，根据环境所必需的物理、心理感受进行综合性设计。如在园林环境设计中，不同造型的门洞会给人以不同的空间体验（图2-20）。

自然是艺术永恒的主题之一。好的设计师善于从自然界中汲取灵感，把握设计元素中的自然意识和自然气息进行艺术构思和设计，尤其是在嘈杂的现代都市，自然的设计可使人心理上靠近大自然的单纯、安详、合理、永恒，感受生命的美好，给予疲劳的都市人以心灵关怀。有机设计和仿生设计就包括这样的心理生态关注因素。

有机设计理论是按有机物生长的方式发展形态结构，重视各部分互相关联、协调而不可分割的统一性，犹如有机生命的形式。生命有机体会尽量维持自身、抵抗变异，在受到强有力的外界干扰时，会奋力保存自己的结构，由此形成了一种具有内在紧张感的

图2-20　不同造型的门洞
图片来源／百度图片

外部形式。在这样的充满神秘效力的有机形式中，人们能感受到一种有自我意识的生命和活力，这种自我活动在一种绝妙的和谐氛围中，唤起人们的生命感，这是人对于生存的直接而又敏捷的反应。因而，在这种有机美的氛围里，人和世界不复对立，人们感到满足与幸福。寻找和创造有机形式，并不是追求那种形象的逼真，而是追求线条和形式的优美律动。那种暗示着生命、成长和蜕变的颤动的活力运用到设计的外形效果上，无疑将使环境设计更"生态化"。

人是一种有机体，生理心理的节奏要求与环境相协调，因而更喜欢有机形。方盒子式的巨大机械形建筑虽然能使人兴奋一时，但长年累月生活其间，必将造成心理压力，所以城市景观艺术设计有时候多用有机形，体现它的生长感、量感、空间感和生命力（图2-21，图2-22）。让雕塑从架上走到架下，从人造空间走向自然环境的英国雕塑家摩尔（Henry Spencer Moore，1898~1986年）^①就善于从自然中提取创作元素。除了人体之外，摩尔喜欢从骨骼、贝壳、树根和卵形等生物形体中寻找抽象造型的依据。因此，他的作品无论怎样接近抽象，都比某些具象的作品更为有力地表现了动物的生机。摩尔那些安置在蓝天白云之下的雕塑作品，就像是自己从大地中生长出来的生物，洋溢着与整个大自然息息相通的生命气息。对于摩尔来说，雕塑蕴涵着生命的动力，有机的造型尤其感性，能传达感情和暖意。摩尔用超现实主义的抽象变形手法，表达的是一种对生命的温和亲情，这是他对人本主义的坚持。他注重用抽象的手法示意动态的延伸或凝聚，牵引着人的思维和情感的变化，用各种手段来突破人们视觉上的秩序，在形式和感觉上更适于现代化的城市环境（图2-23，图2-24）。摩尔一生都没有偏离对生命的关注，通过那些富有生命力的象征形体，谱写了一曲曲人类与大自然生生不息的颂歌。

仿生设计无论是在形态结构、功能，还是在材料设计上都是提取大自然的元素，模仿自然的合理性，体现着人的自然特点，消解了人对自然的渴望。仿生设计的形式亲切、怡人、自然，很容易拉近人与作品的距离。垂柳花园是美国艺术家玛莎·施瓦茨（Martha Schwartz）^②做的一个小花园（图2-25）。受到材料和场地的限制，玛莎用塑料做了一棵很大的"柳树"，"柳树"随风摇曳，犹如真的柳树，加之音响系

①摩尔，英国雕塑家，以大型铸铜雕塑和大理石雕塑而闻名。剑桥菲茨威廉博物馆陈列的"斜倚的人形"（1951年），表现一个高度精简、抽象的女性形象，是摩尔雕塑风格的典型代表。

②施瓦茨，20世纪中后期现代景观艺术的标志性人物，现为哈佛大学教授，作为20世纪中后期现代景观艺术的标志性人物，拥有景观建筑师和艺术家双重身份的玛莎·施瓦茨，一向以不走寻常路和挑战传统的设计手法而享誉国际景观建筑界。

统播放的声音，整个花园氛围非常柔和，来往的人们用柳枝做项链、耳环等——柳树成为了建筑展上的标志性物体。玛莎的另一个作品是有"港口红地毯"之称的都柏林大运河广场（图2-26）——由中央红"地毯"和绿"地毯"交叉组成，整个广场采用"碎玻璃"理念分割成不规则的几何形体，红"地毯"用新开发的明亮红色有机玻璃铺装而成，呈现出一种生机勃勃的气氛；绿"地毯"是从地面升起来的不规则形体，湿地植物的形象唤起了人们对这片沼泽地的回忆，营造出一种视觉平衡的氛围。玛莎还运用竖状草纹装饰高低起伏的混凝土种植池，使"湿地"更加具有活力；微风吹过这片柔软的草地，柔和的声音打破寂静，草地摇曳的舞姿给广场增添了动感。

　　芝加哥南州大街旁边的一条小街坐落着Rio Clementi Hale工作室设计的富有春天的气息的雕塑群（图2-27）。设计元素主要为抽象的树形，半透明的桌子与组合照明、白色花石铺路石，为联邦广场上巨大的现代建筑和历史悠久的州大街的步行区之间提供过渡。设计师Jennifer Cosgrove指出，设计的灵感来自于城市中以及联邦大学到处可见的皂荚树。这里有芝加哥传

图2-21	图2-22	图2-25
图2-23	图2-24	

图2-21　有机形态的环境雕塑
图片来源 / 漆平.现代环境设计·美国加拿大篇.重庆：重庆大学出版社，1999.10

图2-22　美国华盛顿市的海斯河博物馆室外雕塑
图片来源 / 同上

图2-23　亨利·摩尔的环境雕塑《穿衣而卧的母子》
图片来源 / 百度图片

图2-24　亨利·摩尔的环境雕塑
图片来源 / 百度图片

图2-25　垂柳花园
图片来源 / http://www.chla.com.cn/

图2-26（上） 都柏林大运河广场
图片来源／http://wenku.baibu.com/
view/9303fd12a21614791711283b.html

图2-27（下） 终年不变的绿色小街
图片来源／景观设计. 2009（34）.
60-64

统建筑所用的白色陶土，现代广场的密斯式栅栏和德克森联邦办公大楼的外立面，新广场上的7个钢质的树形遮阳结构和5个入夜后在广场上空点亮的半透明亚克力斯板。"树"的根部固定在树叶形的喷砂混凝土中，新的花岗岩长凳和铺路石与现有座椅和硬质景观并存，而这些新建的公共设施的设计语言通过混凝土长凳和内部发光的半透明树脂桌展现出来。地面镶有四片巨型树叶，看上去像被风城（芝加哥别称"风城"）的强风吹落后散落在地上一般。

二、色彩感与心理精神生态

色彩感本质上是生命机能的一个组成部分，也是艺术精神的重要组成成分。色彩最能引起人们的感情联想，极大地影响人的感觉效应与心理状态。色彩诉诸感觉，促发感情，引起想象。那些未来的色彩天才，应当是随生命过程解放自身色彩感觉、色彩感情和色彩想象，并且以色彩想象创造色彩知觉新维度的人。

色彩在城市景观艺术设计中具有很强的调节性。由于色彩有引起联想、启发想象力及象征的作用，所以应通过色彩的设计来调节改善人与环境的关系，如消除不良刺激，使人们得到安全感，提高舒适感，提高工作效率。相反，不适当的色彩设计，不利于人和环境间和谐关系的形成，可能还会产生疑惑不解及沉闷的情绪等精神生态失衡现象。

人的主体精神在色彩的情感上效应上有充分体现（图2-28，图2-29）。色彩的心理效应比较复杂，有着许多方面的内容。必须从环境的具体要求和设计主题出发来考虑色彩效果，而不要孤立地主观处理。杂乱的色调容易让人感到烦躁，所以在阅览室、实验室等环境空间，多采用高明度、低纯度的略偏冷色调或中性色调，这有助于造成宁静感，使得较长时间在其中阅读、工作的人更为舒适。在室内设计中，卧室、客厅

的色彩考虑也应有助于消除疲劳，以求达到营造舒适温馨的休息环境的要求，调节人的生理与精神状态。在设计各类电子操纵系统、计算机系统或航天器的工作机房环境时，考虑到人们长期单调紧张的工作状况，除了注意光照反射和视觉卫生方面的因素外，还必须设计一些模拟自然环境色彩的效果，以达到一定程度生理与心理生态效应上的平衡与补偿。有时为了特殊的需要，例如让剧场或展销会的人群在结束活动以后尽快疏散，可在出口处或过厅采用令人烦躁的具有不安定感的环境色彩，让人不愿意在这个空间久留。

色彩的节奏从本质上看来自于设计师自身的节奏感。只要色彩形象的重复、交替、渐变、突变，把带有节奏感的色彩在画面上形成特定的线性连接关系，人的感觉本能就会由于节奏的连接而形成生机勃勃的设计色彩律动。这就是黑格尔强调的在艺术里最高的气韵生动产生于色彩的基本出发点之一。色彩本身蕴含着"能量"和"内力"，色彩与色彩之间是一种动态的组合关系。在当代色彩审美观念和城市景观艺术设计的双重影响之下，室内环境色彩的调和方式也呈现出这种动态的和谐。动态和谐的环境色彩的具体应用方式是对色彩进行分色处理，在四维空间中把色彩打散重构，使之实现在时间层面上的

图2-28（左）日本的电器商店外墙的处理充分发挥了色彩的作用，大块的色彩对比给人以强烈的商业气息而不媚俗

图片来源/漆平. 现代环境设计·日本篇. 重庆：重庆大学出版社，1999.10

图2-29（右）电梯门上装饰几条红线，打破了灰色的沉寂，使人精神为之一振

图片来源/同上. 44

动态和谐。这就需要城市景观艺术设计探讨环境色彩的动态调和方式，并分析动态和谐的环境色彩的特征倾向，及其与其他环境设计元素之间的关系。

环境色彩设计在当今发达国家越来越被重视。世界各国的都市规划机构都把环境的色彩调查及色彩的规划和设计纳入总体的规划内容之中，因为人们已经意识到：破坏人们赖以生存的自然和历史文化环境，无形中就挫伤了天地间一个自然人的健康心态。这对于经济发达、文化素质普遍较高的国家来说，是一个非常严重的事件，这关系到整个人文环境的维护和生存在这个地域上的所有人的权益问题，甚至关系到当地的经济利益，诸如生态平衡的保护、旅游资源的开发与控制等至关重要的大问题。

面对现代城市某种程度上的"都市色彩病态"，出现了一门新学说——色彩地理学。色彩地理学是把色彩学研究的基点放置在特定地域、气候、人种、习俗、文化等因素的交汇点上，考察其在色彩呈相以及生态环境和文化环境中的作用。在人与自然、人与历史、人与文化共造的环境中，建筑和建筑群显然是空间中的主体，而这些建筑的形制、材料以及构筑方式，都是同特定地域的自然、人文环境紧密相连的。被用作建材的材料，大都是来自本地区的自然材料，因此就同当地的环境色彩有着千丝万缕的联系，那种非人工化的天然和谐，本身就渗透着难以形容的色彩魅力；被用作建筑装饰的色彩及其装饰方式，也都源于这个地域特有的传统文化，有着因历史演化而形成的独特审美系统。这些都是直接作用于景观色彩方面的重要因素，被称作"景观的色彩特征"。

色彩地理学的创始人、法国色彩学家郎科罗（J.P.Lenclos）[1]主张在工业环境设计上，用色彩来调节心理状态以提高生产率。他认为：工业环境的色彩设计是关于视觉严密性、生活环境的服务功能及劳动经济学方面研究的新学问，它应该具备改善作

①郎科罗，法国现代著名的色彩学家、色彩设计大师。色彩地理学是郎科罗在20世纪60年代创立的实践应用型色彩理论学说。

业者的工作和生活环境、创造良好的人机共处环境的功能。人情化的环境能够使工作者心情愉快，激发其劳动兴趣并提高生产率。良好的工作环境可以提高约10%以上的效率，因此色彩设计在工业环境中是一种最经济的设备投资。对于建筑物来讲，色彩可以突出或减弱其形体的特征，根据需要把不雅观的部分进行处理，使之与环境相互协调，从而达到保护环境的效果。利用色彩的可识别性可以区分安全地带和危险地带。色彩具有融合性，可以消减刺激性因素，还可以协助管理，使那些令人眼花缭乱的管道、线路等设备变得有序；色彩的丰富性还可以使工作岗位多样化和富于人情味，使旧的建筑物呈现出新的面貌，使老企业焕发新的朝气。基于对色彩的认知和设计理念，郎科罗为AGA天然气公司的一个新厂区进行了外观形象设计（图2-30）。设计不仅使AGA天然气公司与附近的一家同样性质的企业区别开来，同时也增强了企业竞争力和影响力，起到了很好的宣传作用。设计师详细分析了AGA所处背景的利弊，选用了AGA企业标识颜色（红、橙二色）作为新厂区的主

图2-30 巴黎地区的AGA天然气
工厂设计方案模型与效果
图片来源／宋建明. 论建筑外观与环境的色彩设计

调，另外又增添了白、赭和灰三色。设计的主要目的是要尽可能地使设计对象在这片比较开阔的环境中突显出来，让整个企业形象感强烈、明快。这是一家天然气工厂，对于这种特殊性质的企业，光考虑美化和突出是不够的，必须考虑企业和周围环境的安全性，要考虑到潜在的危险性，设计中要体现防火意识，因此大面积地使用红色调，这不仅是为了突出企业形象，更重要的是随时提醒人们注意安全，不要麻痹——因为当人处在一个高纯度红色调环境中时，生理本能地会产生亢奋反应。设计师是这样具体设计的：对于空中的水平穿梭的管道均采用白和银灰色，这样可以减轻重量感，缓解大管道给人们带来的压力；所有主要的垂直立柱都采用红色，这样可以起到警告作用，防止汽车撞上；所有建筑物顶部和局部厂房及设备都用白和银灰色，配上下部红、赭、黄组合的色调，颜色间相互对比使得厂区色调特别响亮。厂区建筑物和设备的细部，则根据实际情况，穿插使用这一套颜色作为点缀色，以此来缓解浓重的红色调给人们视觉心理造成的压力。这样的色彩设计得到了人们的广泛认可。

三、空间感与心理精神生态

人的空间体验不仅是五官感觉的作用，而且是人的全部感官能力综合作用的结果。如果把人的心理功能划分为知、情、意三方面，那么人的空间体验便是这三方面直接的关联。首先是对行为空间的感觉和体验，包括触觉、生命感觉、运动感觉和平衡感觉，这些感觉与人的意志相关，直接影响人的行为意向在活动中的实现；其次是对愉悦空间的感觉体验，包括嗅觉、味觉、视觉和温度觉，他们与人的情感相关联，直接影响到人的愉悦体验；再次是对含义空间的感觉体验，它是以知觉为主，包括对比例、色调的感知，完形感，象征性和认同感，它们与人的认知活动相关联，直接影响人对事物意义的体验。

更为重要的是，随着人类社会的不断发展与进步，环境空间大体上已由原始人基于生存之本能而以直觉体验的使用空间和行为空间，发展到能以语言、天文学、数学、宗教象征等文化为参照构架进行描述、思维、概括的抽象空间和符号空间，之后又进入了以几何图式、形态构成、视觉原理、现代科技和现代生活为依托的几何空间和功能空间。到现在，人们更走向一种融社会、文化、历史、未来、自然、独处与交往等各种要素于一体的、多元化的、体现综合环境的心理空间，或者说人性空间。人类一直在追求理想的生存空间，当基于生理性的需求得到满足后，就会向社会、心理、审美、自我实现的更高台阶迈进，从谋生到乐生，这是社会文明和历史的必然。

空间感是人对空间的视知和感受。空间感取决于人们共同的心理规律，也取决于一些个人因素，如空间体验、空间承受力。对于不同的空间形态，人会产生不同的空间感和空间评价尺度，其中往往交织着复杂的成分。设计师处理的是物理空间，关注的却是受众的心理空间，即受众在物理空间中的心理感受。心理空间是心理环境的空间表现。德国格式塔心理学家考夫卡·库尔特（Kurt Koffka，1886～1941年）[1] 第一个把环境分为"地理环境"和"行为环境"，或者"物理场"和"心理场"，产生了极大的影响。心理空间的范围没有十分完备的隔离形态，也缺乏较强的限定度，是只靠部分形体的启示、依靠联想和"视觉完形性"来划定的空间。这是一种可以简化分隔而获得理想空间感的空间，它往往处于母空间中，与母空间流通而又具有一定独立性和领域感。这种理论应用在设计中的实例比比皆是：日本横滨地标塔内的铺地（图2-31），通过图案的变化营造了一个有向心力的心理空间，人们会无意识地停留在这里，在这里可以举行一些演出活动。一家商场前临街的构架形成了一个心理空间，使商场的空间范围得以延伸。虽无任何广告或招牌，但对行人仍产生了强烈的诱惑（图2-32）。

[1]库尔特，美籍德裔心理学家，实现了格式塔心理学系统化。他利用物理学"场"的概念来解释人的行为，认为环境分为地理的环境与行为的环境，并以此为基础来说明心理、行为和环境之间的关系。

为了使人产生一些理想的心理空间，可以采用不同的设计手段和方法。有几种设计因素可以利用：

1. 图像。画面开阔、景深大的浅色调装饰风景画容易造成空间扩大感，而深色调的平面图像装饰画容易使空间显得紧凑。色调较浓重、花纹大而较明显的墙纸在一定程度上造成界面的前进感，而色调较浅、花纹小且模糊的墙纸造成后退感。镜面虚像使受众感到空间倍增、扩展，并提供新的观看角度（图2-33）。

2. 肌理质感。粗糙凹凸的表面或界面与光滑平整的表面或界面分别引起受众一定限度的亲近感与疏离感。

图2-31(左)　通过图案的变化营造心理空间
图片来源／漆平. 现代环境设计·日本篇. 重庆：重庆大学出版社，1999.10. 99

图2-32(右)　商场前临街的构架形成的心理空间
图片来源／同上. 40

图2-33　玻璃镜面使视觉空间得以延伸，几条折线又加强了空间的趣味性
图片来源／同上. 44

图2-34　日本山梨县清里文化艺术中心的城市景观艺术设计
图片来源/漆平. 现代环境设计·日本篇. 重庆：重庆大学出版社，1999.10.（左）

张俊华 屈德印. 90年代日本环境设计50例. 郑州：河南科学技术出版社，1999. 102（右）

3. 方向性线条。横线划分和装饰使空间显得宽些，竖线划分和装饰使空间显得高些，蛇形线、螺旋线使空间显得有动感。

4. 构件。巧妙地开窗借景，不仅可消除封闭空间的压抑感，造成外向的空间，而且可通过内外空间的联系扩大原有空间感。纱帘等半透明借景使空间层次变得丰富，适当放大或缩小室内家具陈设的尺寸会使人感到空间相应缩小或放大。

图2-34为日本山梨县清里文化艺术中心的城市景观艺术设计，从室内看室外和入口广场，外部空间作为室内环境的一种延续，地面的铺装图形也起了联系作用。

心理学似乎更容易走进生态学的领域，鲁道夫·阿恩海姆（R.Arnheim，1904～2007年）更是把格式塔心理学引入审美和艺术领域，提出了"异质同型说"，取得了令人信服的理论成效。这个理论消解了人与自然的二元对立，对于地球生态系统内部的有机联系，包括由物理层面到生理层面、精神层面上的联系作了颇具新意的描述。阿恩海姆认为在人与自然的网络中，物质的物理活动机制与人的生理活动机制、人的大脑的心理活动机制之间存在着"同一性"的关系。他认为自然界的万物，其状貌都是自然力长期作用的结果，表现为某种"力的结构"或"力的图式"。

　　格式塔是一个心理活动领域，其整体内部各因素之间存在着紧张关系，作为主体的人与其环境之间存在复杂关系。一个心理场就是一种结构，一个充满张力的系统。场是物质存在的一种基本形式，传递物体之间相互作用的动势和能量。生态场是生物与生物之间以及生物与环境之间，在一定的时间与空间范围内由于相互作用、相互影响而形成的功能性系统。精神生态场中的能量能够传递与人的心理、生理、精神相关的独特信息。

　　空间作为现代建筑空间论的主角，经历了从三维空间到四维空间，从皮亚杰（J. Piaget，1896～1980年）[1] 到海德格尔(Martin Heidegger，1889～1976年)[2]，从空间认知到"存在"、"场所"的不断扩展。在信息高度发达的今天，与空间同样重要的课题是"时间"。我们的城市充满着时间限制、运动、传递、转换，时间无时无刻不渗透在空间之中，所以在现代城市空间中，与其说"场所"毋宁说"场时"。传统哲学中涉及生态问题的尚有"气"。"气"是中国传统哲学重要范畴之一，被认为是万物最基本的构成单位，用现代的观念来看"气"似量子场中的场，将气场外延也可成为心理场、"领域感"。在今天的理论研究中，"心理场"发展成为空间限定的研究、人的领域感、场所精神等。

　　空间的场所精神包括环境空间的整体性。如人们进入宫殿就要有威严的气氛，进入教堂就要让人有虔诚的心情，进入大学就要有学术氛围，而在办公空间，就要让人感到事务性和有效率性。空间蕴涵着人类文化中能够正确或成功生活的各种行为模式，其根本的隐喻是环境受社会文化的制约和它能为社会行为提供秩序化的纲领，这是个人与社会生态的完整和谐的体现。如小医院门前装置的一组雕塑（图2-35），使等待治疗的病人可以坐在方石块上看书、闲聊，消除等待的无聊。单纯的

①皮亚杰，瑞士心理学家，发生认识论创始人。皮亚杰先是一位生物学家，之后成为发生认知论的哲学家，更是一位以儿童心理学之研究著名的发展心理学家。

②海德格尔，德国哲学家，在现象学、存在主义、解构主义、诠释学、后现代主义、政治理论、心理学及神学方面都有举足轻重的影响。

图2-35　小医院门前装置的白色立方体
图片来源/永辉 鸿年. 公共艺术.
北京：中国建筑工业出版社，2002.
182-183

色彩调节着氛围，白色的立方体给人的感觉是宁静，符合医院的场所气氛，给人以与环境整体一致和谐的心理感受。

由荷兰West8设计的弗拉尔丁恩市的自行车道螺旋天桥（图2-36），由400根钢管焊接而成，经过镀锌漆成红色，形成了一个独特而又富有动态的结构。剖面是正方形的三维钢制构架呈螺旋状绕着天桥的横轴旋转，这一旋转的空间框架结构使行人有了持续变化的空间体验。当骑自行车穿过桥时，这些不断变化的剖面增强了天桥看似在旋转的效果。

杆之舞（Pole Dance）建筑装置设计（图2-37）是SO-IL设计事务所2010年在纽约MOMA PSI当代艺术中心的设计项目。设计师试图捕捉人与人之间、人与物之间、物与物之间的那些柔软的、敏感的、飘动的空间等不定的东西，意在提醒人们运用多重感官去体验亦动亦静、亦内亦外的空间趣味。当参与者置身薄雾般的一层网络建筑游戏环境中时，就仿佛置身于混乱人类社会和错综的自然环境中。但是这灵活的空间让参与者感受到的是没有规则的游戏的快乐，因为这样一种装置建筑放弃了无味的攀高比强，更多的是容纳多变元素，使空间带给参与者更多的趣味感受。在这个信息时代里，不确定性、互动性、流动性、多元化、虚拟与现实的结合、多重感官的体验等已经成为当代景观艺术设计的关键词，它们逐渐成为以动态为常态的城市生活的一部分。

四、尺度感与心理精神生态

美国建筑美学家哈姆林曾经在分析建筑尺度时，将尺度印象分成三种类型，即自然的尺度、超人的尺度和亲切的尺度。所谓"自然的尺度"，就是试图让建筑物表现它本身自然的尺寸，使观者就个人对建筑的关系而言，能度量出他本身正常的存在，这种尺度在一般的住宅、商业建筑、工厂等建筑中可以找到。第二种类型是"超人的尺度"，它企图使一个建筑物显

图2-36　变幻的空间体验——"螺旋天桥"
图片来源／景观设计师. 2009.5（3）. 30-33

图2-37　杆之舞建筑装置设计
图片来源 / 建筑艺术．2010（11）．
48、49

图2-38　悉尼歌剧院内部 "超人
的尺度"
图片来源 / http://www.9tour.cn/
info/53/161727.shtml

得尽可能的大，而且用这样的一个方法使个人不至于因对比而感觉建筑物小，它将使人觉得建筑物增大、拓阔，设法使一个单元的局部显得更大、更强，比个人本身更有威力些，这种尺度在大教堂、纪念堂、纪念性建筑和许多政府建筑中是适宜的（图2-38）。巴黎星形广场凯旋门是运用这种尺度的典范，要注意的是不要把许多适于小型形式扩大为巨大尺度的形式，否则产生的效果是令人很不舒服的，甚至是恐怖的。第三种类型是 "亲切的尺度"，希望把建筑物或房间做得比它的实际尺寸明显小些。这种尺度应用很少也难以把握，却在某些地方是适宜的。显而易见，这里所说的种种尺寸不等于实际上的物质性尺寸，而主要是指心理尺度，故而叫 "尺度印象"。

城市景观艺术设计的本质是为人提供一个有别于自然的人工环境，因此它所包含的内容不仅仅是一个为满足某种功能而具有一定容积的空间，还具有对人生理、心理和社会意识等方面影响的因素，因此在设计中颇为困难的工作是处理好室内外的尺度和形态。传统的空间理论即人与空间的关系，是以人的尺度和满足这种尺度的空间关系来处理空间的。传统建筑对尺度的把握是很成功的，一些大型的宫殿和广场尺度非常大，符合它的地位，也易造成威猛森严的气氛，而一些轻松愉快的空间的营造，也得益于小巧宜人的尺度，最典型的例子莫过于中国的江南园林。

中国传统建筑，无论体量大小基本上都是由一些小构件组成的，特别是一些体量大的建筑，气魄很足但是非常丰富，有细部可欣赏，这是中国传统建筑的辉煌。最典型的首推明清故宫，庄严的太和殿体量巨大，由许多传统构件组合而成。而在一些江南园林里本来尺度就小的建筑仍由各种传统细节完成，顿生玲珑精巧之美。

尺度所研究的是环境的整体或局部给人感觉上的大小印象和其真实大小之间的关系问题，它一般不是指真实大小，而是指要素给人心理上的大小印象。一般看来，这两者是一致的，但实际上却可能出现不一致的现象。两者一致是建筑形象正确反映了建筑大小，如不一致，则表明建筑形象歪曲了建筑真实大小。而且在建筑中细部要慎用，宏伟的古建如午门，台基简洁，几何性强，顶部建筑的各种组件出色地完成了对比的作用，有力地衬托了建筑的高峻。但在庭院建筑中，建筑希望给人以小于真实的感觉而获得亲切的尺度感，所以细部很多，这些对于现代城市景观艺术设计有极好的借鉴作用。建筑和街道的关系也很重要，它们相互作用和影响，街道尺度定得较小，建筑高度也随之确定，传统街区的尺度感和亲切感也因此延续下来。

从20世纪60年代开始，很多简约主义雕塑家意识到作品纪念性尺度的重要性。建筑师和城市规划师意识到大尺度的抽象雕塑会给城市与建筑提供一种很合适的环境装饰，所以，以几何形式为创作手法的简约主义雕塑家有了用武之地，如日本东京池袋艺术剧场广场大尺度抽象雕塑《新月》（图2-39）这种基本上呈中立的艺术雕塑很适合与建筑配合，使建筑空间或广场看上去非常动人。大尺度的物体气魄十足，引人注目，但一定要运用得当。加拿大多伦多市中心两条交叉的大道中央，四周都是高层建筑，相应矗立起一座尺度高大、造型简洁的空军纪念碑雕塑，形成了空间的视觉中心（图2-40）。

我们还可以利用城市景观艺术形式来在一定程度上调节建

图2-39（上）　大尺度抽象雕塑《新月》
图片来源／张俊华 屈德印. 90年代日本环境设计50例. 郑州：河南科学技术出版社，1999. 83

图2-40（下）　多伦多的空军纪念碑雕塑
图片来源／漆平. 现代环境设计·美国加拿大篇. 重庆：重庆大学出版社，1999. 10.

图2-41（左）温哥华太平洋旅馆
的门厅墙面装饰
图片来源/漆平. 现代环境设计·美国
加拿大篇. 重庆：重庆大学出版社，
1999. 10.

图2-42（右）海龟海水图形作为
地面铺装的装饰
图片来源/同上

图2-43　加拿大多伦多的伊顿商场
图片来源/同上

筑内部大尺度给人造成的冷漠和无助。加拿大温哥华太平洋旅
馆的门厅墙面装饰采用了高浮雕形式，塑造了两个人物站在船
头向进入门厅的客人招手致意的形象，墙面上还有正在飞翔的
海鸥和几条彩色飘带，这样分割了大尺度的墙面，使环境丰富
亲切（图2-41）。多伦多的一座大型公共建筑二楼大厅的地面
面积宽阔，容易给人造成单调无助的感觉。艺术家在地面上设
计了巨型海龟图形及海水的波纹作为地面铺装的装饰，给人有
趣、亲和的感受（图2-42）。加拿大多伦多的伊顿商场的中部
是超大型综合商场（图2-43），最大的中庭有九层之高，在如
此高大的空间中，人容易感到空旷和冷漠。设计师在玻璃顶下
用铁丝吊着诙谐、夸张的人物和风筝，使巨大的空间充满有趣
和热闹的气氛。

　　在广场雕塑构思中，应该注意尺度与体量的关系，大的尺
度并不意味着大的体量。某些广场需要大尺度的雕塑作装饰，
但同时又排斥大的体量。在这种情况下，结构可以解决难题。
骨架结构与板式结构本身占有的绝对体积小及透空特性，可以
做到大尺度与小体量的结合，如日本东京池袋艺术剧场广场雕
塑《田园交响曲》的设计（图2-44）。

五、节奏感与心理精神生态

在城市景观艺术设计中，创造生态知觉美，要注重设计中的空间序列组织节奏和韵律感。自然界和人类生活中普遍存在着节奏现象，从四时代序到昼夜交替，从花落花开到潮涨潮落，从行止动静到脉搏心跳。与之适应，人们产生了对节奏的审美要求和审美能力。现代设计可以不受传统规范的限制，但是要以现实空间和节奏为主，通过各种形式和尺寸的变化与重组进行尝试，并与现代生活的基本需求一致，而且要满足审美标准。

在现代设计中，节奏的产生有两个基本条件：一是对比或对立因素的存在。这首先和主要是指具有质的差异和对立关系的视觉造型因素的并置或连续呈现，其次也指在一定的前提下的数量较大程度的差异和对立，例如明显的大小、多少不同的形体色彩并置或连续呈现，而且是有规律的重复。节奏体现的是事物的一种连续变化秩序，可以说是对比或对立因素有规律的交替呈现，它可以引起观者心理情绪的有序律动。

二是韵律。韵律是节奏的较高形态，是不同节奏的巧妙、复杂的结合。在优秀的环境设计中，结构的序列、功能的序列和审美序列统统都必须是紧凑而有机的。哈姆林认为，一种规则的序列形式，能够给观者一种庄重、明确、爽直的印象，而且高潮的出现，必然会刺激人感官上的知觉。规则的序列事实上在形式方面是缺乏变化的，很少有偶然的和意想不到的形式出现，存在的都是有意识的设计元素。相对而言，不规则的序列充满了变化，有各种流动的因素在其中，会有外观上使人感到新奇的一些部位，对观者有意想不到的感染力。在不规则的序列中，既有出其不意的构思，又有运用弯曲或曲折轴线的不规则的视觉平衡的处理。这种序列也要推向高潮，只是不像规则序列那样有以最明确和最有意识的方式所作的准备。节奏的

图2-44 广场雕塑《田园交响曲》
图片来源／张俊华 屈德印. 90年代日本环境设计50例. 郑州：河南科学技术出版社，1999. 84

设计往往与高潮的安排结合在一起，共同体现了设计的宗旨并突出了设计主题。设计师的重点就是高潮，在一个环境空间中，造成观者动情的设计中，高潮处即是节奏变化的顶点。

美国学者苏珊·朗格（Susanne K.Langer，1895～1982年）对节奏十分重视。她的理论体系中有一个极为重要的美学概念"生命的形式"。苏珊·朗格认为节奏性与有机统一性、运动性和生长性一起构成了生命形式的全部基本特征，这些特征都可以在艺术形式中找到。节奏连续原则是生命有机体的基础，它给了生命体以持久性。作为生命运动的规律性节奏，当它经过设计师之手被精巧合理地安排在环境中时，可以增强动感和生机，呈现生态美感，使人在审美情绪发生、发展过程中，建立和谐的心理调节机制。

在一个复杂的建筑物里，空间的大小和宽窄变化、房间的横排与走廊纵列的交叉变化，这些韵律相互交替着，创造出一种有秩序的变化效果。现代建筑就像现代音乐一样，韵律有很多种，有特别鲜明、规则的韵律，也有追求自然、自由的韵律。在建筑中，有赖特作品中明确的韵律，也有勒·柯布西耶的作品中那些让人琢磨不透的韵律。

节奏本来是音乐中的术语，设计师在空间艺术上运用节奏可以把视觉空间升华为"听觉空间"。听觉空间就是在环境设计时运用单纯直线和几何形体，有节奏地、反复地符号化图案（小波浪形、锯齿形边缘处理，细密格子或肋拱板面），结合素材的肌理效果以及色彩变化效果，使这些板、线在垂直、水平交错的构成关系上产生出有音乐意境的空间效果，创造出视觉的有节奏的"听觉空间"。情感的表达有多种方式，所以艺术都是相通的。我们常常会发现，在对许多设计师的采访中常常会提到受某种类型音乐的启发。诸如朋克摇滚、爵士、轻音乐等都带来不同的感受，用中国人的话说是一种通感，通过听觉得到感觉并在脑中形成视觉符号，这些符号可能是具象的

也可能是抽象的，我们得到的也许是单个的纹样、图案，也许是在音乐的带领下肢体的无意识创作。

　　日本景观设计师佐佐木叶二①对绿地及铺装的规划方式很像进行平面设计。他运用平面构成的规律组织景观材料的搭配，绿地像一张精心设计后的图形版式，线、面富有规律地排列组合，富有趣味和意境（图2-45，图2-46）。同样，国内泸州阳光尚城项目（图2-47）也采用了极具节奏感和韵律感的设计。设计师运用两条相互穿插的弧线形步道来连接入口与场地内部，解决了丘陵地形入口与场地内部14米的地形高差形成的阻碍。两条弧线形步道成为了场地中的"彩虹之路"，"乐

图2-45、图2-46 佐佐木叶二作品
图片来源／http://wenku.baidu.com/view/0711daa4b0717fd5360cdcf0.html

①佐佐木叶二，1971年神户大学毕业，1973年取得大阪府立大学研究生院绿地规划工学专业硕士学位。1987～1989年任美国加利福尼亚大学伯克利（UCB）环境规划学院研究生院及哈佛大学设计学研究生院（GSD）景观设计学科客座研究员。现任京都造型艺术大学教授，神户大学工学部兼职讲师，"凤"环境设计研究所所长、技术士、一级建筑师。著作有《都市与景观的诸相》、《看不见的症·庭院的含意论》等。

图2-47 行进中的风景——彩虹之上
图片来源／景观设计师. 2009.7（4）. 22、25

谱"铺装简洁而富有趣味，展现了音乐的符号，给人们留下了非常深刻的印象。

六、质感与心理精神生态

人类的各种情感与习俗，也常借由材料的隐喻而构成氛围，一旦材料确定之后，材料本身的质感语言表情自然浮现。石材、木材、瓷砖、金属等，皆能展现特定的质感。以材料语言的角度为着眼点，每个材料都有独特的表情，尤其在现代艺术中，更讲求放任每种材质发挥其自身的独特个性，而不以某一特定形式来限制材料本身的光芒。每一种材料语言传递着它所代表的情感因素（图2-48，图2-49）。

法国视觉美学家德卢西奥·迈耶分析"视觉质感"时认为，"视觉质感"不仅关涉事物非视觉特性的视觉感知，也关系到触觉在艺术感受、设计产品感知中的作用。"视觉质感"即通过质感产生视觉上的感觉。设计师在运用材料时发挥自己的触觉能力，以一种审美的态度和创造精神来对待材料的质感，是材料美感的组成部分，是设计的一种感觉因素。公众往往会通过触摸来感受某些产品材料及其加工处理结果的质感，而设计师有时会根据设计的意图和宣传、展示的需要，设法唤起民众的兴趣，去触摸设计产品。有时设计师有意把墙面和柱子处理得粗糙不平，露出石块，以强烈的质感构成其设计风格

图2-48（左）木材的温馨
图片来源 / 百度图片

图2-49（右）金属的坚硬
图片来源 / 同上

的一个鲜明特色。观众的触觉对其情绪是有影响的，可以促进设计的信息和情感交流。

　　现代自然生态观念特别强调自然材质肌理的应用，设计师可以运用材质的属性与肌理的结构性语言，在表层选材和处理中强调天然素材的肌理，大胆地表现木材、金属、纤维织物等材质，着意显示素材肌理和本来面目，无论原始粗犷、精雕细琢，还是儒雅高古、热烈质朴，都能引起不同的心理感受，牵动人的情思。

　　利用材质的心理感觉可以调节视觉上的其他因素。某现代建筑室内设有一个高大的罗马立柱，作为大厅的重点装饰，用与现代建筑材料相协调的不锈钢制作，立柱作抛光的镜面处理，从视觉上减弱了立柱在空间中的巨大体量（图2-50）。日本艺术家汤原和夫的不锈钢材质的抽象环境雕塑《知性沉下》（图2-51），其框架外侧被作者用镜面不锈钢板作了格状划分，镜面反映出周围的自然环境，实体框架作虚化处理，使作品的形态与自然环境的"格格不入"巧妙地融合在一起。作品随着季节的变化而变换着自身的色彩，与周围的色彩一致，体现了材质的特殊功效。井上武吉所作的《我的天洞》系列雕塑中的第七件作品（图2-52），造型表面的色彩是钢板材料长期氧化的锈色，具有特殊的质感，与赤红的土地色彩完美地结合在一起，并与大自然融合，三角形的作品几乎是从大地深处生长出来的。更有特色的是日本的一个环境雕塑（图2-53），利用金属和水两种材质，不锈钢金属的坚硬、光滑质感搭配水流的柔软、灵动，使雕塑清新自然，营造出虚实相间的流畅线条，给人一种轻松舒畅的感觉。日本水俣纪念广场城市景观艺术设计（图2-54），则混合使用喷水玻璃和不锈钢等材质，象征复杂的历史和营造特殊的心理感受。国际设计方案竞赛的设计竞赛书要求设计主题不使来访者有压抑感，要把人对水俣病死亡者的纪念、哀悼之情表现出来。表面被水覆盖的玻璃喷水

图2-50（上）　不锈钢材料的罗马立柱
图片来源／百度图片

图2-51（下）　环境雕塑《知性沉下》
图片来源／http://www.dspt.com.cn/yxkds/hong.htm

作为生命的象征，而面向大海展开的喷泉则创造出一种超现实的景观效果；人和海密不可分的传统观念，可以使人产生丰富的联想，忘却昔日痛苦的记忆，看到未来的希望。108个不锈钢金属球既象征着20世纪50年代发生的那场灾难，也好像是灾难正面向大海消失而去。

图2-55是2000年成都国际会展中心底层中央大厅展示的朱成的城市景观艺术品《天机》。铝合金、镍白铜、钢索装置而成的硕大织机在灯光下呈现迷幻且震撼的红色，大厅空间被红色织锦连接洗染，以强烈软硬材料质感对比艺术手法，带领观者从后工业的物质时代回到历史长河之中。

日本广岛电话公司基街Credo交流广场沈床园的环境设计

图2-52（上左） 《我的天洞》系列雕塑中的第七件作品
图片来源／http://www.dspt.com.cn/yxkds/hong.htm

图2-53（上右） 金属和水材质的环境雕塑
图片来源／http://susumushingu.com/work.shtml

图2-54（下左） 水俣纪念广场城市景观艺术设计
图片来源／张俊华 屈德印. 90年代日本环境设计50例. 郑州：河南科学技术出版社, 1999. 26

图2-55（下右） 以强烈软硬材料质感对比设计的城市景观艺术品《天机》
图片来源／朱成. 雕塑插一只脚到建筑 http://www.abbs.cn/report/read.php cate=1&recid=1434, 2001.10

（图2-56），为了强调空间上下层一体化而设置了跌水，通过不同质感的花岗岩表面处理，创造出一种在自然光中发生各种变化的跌水效果，被称为"光的水面"，各种质感的石块组合，强调时刻变化的水的"表情"。

新加坡艺术家Tang Da Wu的《最后的购物》（图2-57），通过日常用的大篮子，表现出这个社会的矛盾和潜在的暴力。篮子选用玻璃纤维材料制作，它挡住了一个换气口，也给人们一种享受，人们每天与其擦肩而过时，它像是一只巨大的司空见惯的篮子，材料的视觉效果给人一种既平常又亲切的感觉，仿佛已成为人们日常生活的一部分。

日本城市景观艺术作品《空间艺术》（图2-58）中，石头被玻璃撑起，和下边的另一块石头交叉，透过玻璃人们可以看到远处的风景。玻璃的透明感造成上面的石头就像是浮在没有重力的世界里一样的幻觉。

环境中的壁画材料，也不能孤立地去选择和运用，它直接影响壁画以至整体空间的效果。壁画的材料必须依靠建筑环境中非壁画的多种材料的综合配置，与所置空间相互借用，呈现出相互补充的效果。珍妮特·库艾马琳的《柳风》（图2-59），壁画处在面积狭小的空间内，以纱线织物为材料制作成半圆状的浮雕图像，墙面采用充满花纹表面光滑的大理石，天顶采用具有强烈反光的玻璃材料，室内空间和图像都有了延伸感。整个空间的材料质感综合表现粗糙和光滑、坚硬与柔软，充分借助空间中的物质材料产生对比与变化，取得了良好的效果。

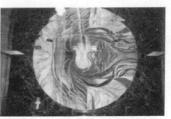

图2-56（上1）　Credo交流广场沈床园的环境设计
图片来源／张俊华 屈德印. 90年代日本环境设计50例. 郑州：河南科学技术出版社，1999. 31

图2-57（上2）　街头雕塑《最后的购物》
图片来源／永辉 鸿年. 公共艺术. 北京：中国建筑工业出版社，2002. 66

图2-58（左）　日本城市景观艺术《空间艺术》
图片来源／http://www.dspt.com.cn/yxkds/hong.htm

图2-59（右）　珍妮特·库艾马琳的《柳风》
图片来源／唐鸣岳 赵松青. 近现代室内外壁画529. 哈尔滨：黑龙江美术出版社，1996. 172

图2-60 被称为"光的殿堂"的以色列最高法院
图片来源／马一兵. 环艺形态应用. 重庆：西南师范大学出
版社，2000. 81

七、光感设计与心理精神生态

光能够影响环境的视觉质量，引起人们一系列的思维活动，产生各种各样的心理效果。人们的身体健康与接触阳光的多少密切相关，阳光和自然光可以提高人的情绪，给生活带来快乐。缺少阳光照射，会导致一种疾病，其名称为SAD（季节性神经失调），或叫"冬季忧郁症"。法国著名建筑师勒·柯布西耶[①]在朗香教堂中对光线的巧妙处理，揭示了建筑是对于光所积聚的体量之熟练、正确而且优美的表现这样一种设计理念。光是设计师有力的表现工具，是环境设计中的重要美学因素，这体现在它对视觉环境的空间感、材质质感、材质表现、色彩效果的影响。

被称为"光的殿堂"的以色列最高法院被认为是用光视觉环境营造气氛的成功设计之一。在《圣经》中，"正义"与"光"同存，因而被形象化了的"正义"被描绘成一个圆圈并与天空结合，是一种永远追求但从未达到的绝对价值。"公益自天而降，诚实由地而生。"审判室的设计是把外壳与室内分开，不同强度的自然光从这两层中渗透进来，凹处使人想到一间屋子并能够令人回忆起经过其大门而走进走出的旧城墙。同庭院里耀眼的光线不同，各个审判室之间的反射光柔和而安详，间接光荡涤着墙壁，庄严安静。从照片中可以看到光照与形态很好结合所产生的韵致（图2-60）。法国的洪尚教堂的内部光线设计也很独到，一束阳光从圣母身边射进来，落到祭坛前的百合花上，幽暗的空洞里，金红色的花朵耀眼地亮着，仿佛墙上绽开了光的花朵，空间形状结合光线的效果，使教堂呈现出一种宁静而又让人着迷的宗教气氛（图2-61）。

　　好的灯光设计，在景观设计中发挥着重要的点睛作用。灯光的陪衬，既能展现出大自然的神秘浪漫魅力，也能给观者带来生机盎然的视觉享受。英格兰康沃尔伊甸项目中就有这样的神来之笔——"原野之光"（图2-62）。灯光设计师布鲁斯·墨诺（Bruce Munro）曾经有过一次穿越澳大利亚红色沙漠的美妙经历，这给他设计此项目带来了超乎寻常的灵感。墨诺创设的"原野之光"灯组景观，既像自然界中突然出现的外星生物，又像郊外路边的一棵巨大的香蕉树。灯光打开，展现在眼前的，是另一种视觉享受——神秘而寂静的沙漠久经干旱，一切生命都在等待着甘霖的降临。远处，光纤幻化成的沙漠生物相互缠绕，像静静等待夜幕降临的情侣；而当夜色真的来临，那些幻化的光纤生物会发出柔和的光线，富有节奏的光感，像跳动的舞蹈，展现神秘浪漫的自然风光的同时，也给观者带来生命的跃动。

图2-61　法国的洪尚教堂
图片来源 / www.e993.com

八、错觉与心理精神生态

　　在设计中，很多东西需要给人提供清晰的知觉判断，避免产生错觉，如设计不当，就会产生严重的不良后果。典型的例子是波士顿两所精神病院的环境设计，医院楼道反光强烈的光滑表面沿着墙壁、地面和顶棚形成了一长串倒影和阴影，当强光从远端窗子射入走廊时，一定距离之外的人看起来好像飘浮在轮廓模糊的地面上，看不到脚、小腿甚至膝盖。精神正常的人也会形成视觉错觉，更别说精神病患者了，这对治疗极为不利。

　　错视的产生是因为在正常保持知觉恒常性的情况下刺激呈现而物象不变。错觉是模糊的特征，或受某种提示的影响而产生。运用人的视觉的错视创造景观，可以由观赏对象结构的模

前页

①柯布西耶，法国建筑师、都市计划家、作家、画家，是20世纪最重要的建筑师之一，现代建筑运动的激进分子和主将，被称为"现代建筑的旗手"。柯布西耶和瓦尔特·格罗皮乌斯、密斯·凡·德罗并称为现代建筑派或国际形式建筑派的主要代表。主要作品有萨伏伊别墅、马赛公寓大楼、朗香教堂等。

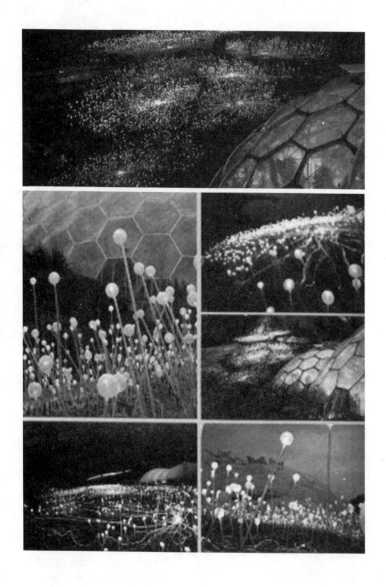

图2-62　布鲁斯·墨诺的"原野之光"灯组景观
图片来源／景观设计师．2010.（1）.4

糊程度造成不同的解释。掌握错觉的特征和规律并巧妙运用，会使设计变得更加生动独特而富有吸引力。纽约市索菏区是著名的旅游区，街道上有许多19世纪古老的建筑物，有的建筑正立面很好看，但侧立面则因某些原因暴露在外面，很不美观。定居在这里的美国著名建筑师、艺术家哈斯（Rechard John Haas）在一幢19世纪建筑的侧墙，用超现实主义的手法画了一幅巨大的壁画"窗墙"。整个墙面除了两扇窗户是真的以外，其余的窗户都模仿正立面临街主墙上的窗户，作同样的排列组合绘制，远看几乎可以乱真（图2-63）。哈斯给波德·尼尔森夫妇住宅绘制的壁画，其精细乱真的描绘，将无图像的室外观饰以新的幻象虚化，画出空间的幻觉，把绘画艺术发展到城市景观艺术上（图2-64）。日本艺术家关根伸夫[①]创作的环境雕塑《宫相》，通过镜面处理使柱体融入环境，给人巨石飘浮在空中的错觉，创造出特殊的艺术效果和心理感受，人工材料和天然材料形成鲜明对比（图2-65）。瑞士艺术家Felice Varini的环境装饰作品《屋顶上的圆环》（图2-66），以一个极其简单的造型使人在一个特定的视点可以因错觉而看到一个平面圆圈，稍一移动视点，结构感觉就会变化，空间变得生动有趣。

①关根伸夫，日本雕塑家，1942年生于崎玉县，1968年毕业于多摩美术大学油画研究专业。有一次关根伸夫在地上挖了一个洞，在洞的旁边，用挖出来的泥土按照洞的形状塑成了一个圆柱体，这幅《位相——大地》便是日本"物派"艺术运动的开端和象征，并且成为日本战后美术的纪念碑被介绍到海外。关根比较乐意让物体呈现出"自在状态"，使空间、物质、观念构成一个综合体。在关根看来，环境艺术强调的是一种空间的动感，它既是社会空间，也是艺术空间，这两者都与人的活动有关。关根的创作主题不仅源自鸟居和凯旋门，而且源自寺院的大门、鸟羽之海的夫妇岩、神殿的柱子。他吸收了传统文化的空间因素，并把它们主观地转移成了一种新的语言。关根的环境艺术目标并不是将艺术转变成环境，而是将环境转化成艺术。在这样的基本原则上，关根不断延伸"物派"的方法。代表作有《空相》、《水的神殿》、《空的台座》、《波的光景》、《波的圆锥》、《虹》等。

图2-63（左）　哈斯的壁画"窗墙"
图片来源 / http://arthistory.blog.sohu.com/107428943.html

图2-64（右）　波德·尼尔森夫妇住宅壁画
图片来源 / 漆平. 现代环境设计·美国加拿大篇. 重庆：重庆大学出版社，1999.10.

图2-65（左） 环境雕塑《宫相》
图片来源/http://www.dspt.com.cn/
yxkds/hong.htm

图2-66（右） 环境装饰作品《屋
顶上的圆环》
图片来源/永辉 鸿年. 公共艺术.
北京：中国建筑工业出版社，2002.
50-51

九、信息处理与心理精神生态

　　城市公共环境信息超载将使人疲惫不堪（图2-67），它潜
移默化地败坏人们的正常情绪状态和良好心境。因此简化城市
环境信息（图2-68），提高人们对环境信息的选择与控制，也
是城市景观艺术设计的一项重要任务。

　　此外，城市中人群拥挤的高密度环境不仅会导致消极的情
感并对健康造成不良影响，还会使公共场所缺乏秩序、礼貌和

图2-67（右） 城市公共环境信息
超载
图片来源/漆平. 现代环境设计·美
国 加拿大篇. 重庆：重庆大学出版
社，1999.10

图2-68（下） 环境设计中简洁的
信息处理效果
图片来源/同上

尊重，导致行为堕落。这就要求城市景观艺术设计者在环境设计上充分考虑环境认知和人流程序，切实、主动、客观地了解使用者的生活和需要。在生态知觉理论中，从环境与行为的关系角度来说，环境对象要为它的使用者提供便捷，即让需要它的人能方便地到达它所在的位置，所以在环境认知中、起着强化认知、具有辅助作用的信息，在设计中综合运用路牌、标志、交通图、园林绿地、建筑小品、标志性建筑等元素，适度增加提示信息，有助于空间定向。同时，提示信息设计标识应保持一致性，强化环境意象（图2-69）。

环境的秩序感有助于加强人对环境的把握，生活空间的井然有序能为人的活动提供取向和标志。日本长野县某住宅小区的建筑造型和色彩采用统一的设计，为便于识别，每栋建筑上除了写有楼号外，还会有不同的乐器图案，使人一目了然（图2-70）。

此外，城市景观艺术设计需要深化艺术设计信息传达。注重信息是对当今高科技和信息社会发展状况的正视和对现代设计现状及未来趋势的正视。在城市景观艺术设计中，环境本质上具有的信息传递或传播功能越来越明显，所以现代城市环境的建设要重视现代设计的信息因素，了解现代设计信息发送、传输和接收的客观规律，充分考虑环境具有的信息成分并迅速正确地传送有效信息等。

①申农，现代通信理论—信息论的创始人，影响人类社会进程的科学家。

信息观有两种，一种是申农（C.Shannon，1916~2001年）①的信息观，一种是维纳（N.Wiener，1894~1964年）②的信息观。申农的信息观认为：信息源产生的信息是可以与信息源的熵相置换的。熵是一种尺度，用来测量信息源概率的不确定状态，熵的数量指的是信息源所能发出的信息量。信息与熵的指数是成正比的，符号等要素的组织结构越是混乱、不确定，其熵越高，也就是说能够提供的信息越丰富。而维纳的信息观则认为：信息是由符号等要素之间的序列性、单一性、确定性、明了性决定的，信息与负熵的指数是成正比的，越是结构单

②维纳，美国数学家，控制论的创始人。在50年的科学生涯中，维纳先后涉足哲学、数学、物理学和工程学，最后转向生物学，在各个领域都取得了丰硕成果。维纳一生发表论文240多篇，著作14本，主要著作有《控制论》（1948年）、《维纳选集》（1964年）和《维纳数学论文集》（1980年）。维纳还有两本自传《昔日神童》和《我是一个数学家》。

图2-70 日本长野县某住宅小区建筑墙面的信息标识
图片来源／漆平. 现代环境设计·日本篇. 重庆：重庆大学出版社，1999.10. 75

纯、秩序井然的符号元素，越是能显示出高质量的信息。两种对立的信息观展示了信息的两重意义。我们可以把设计信息看作是一个包含技术信息、语义信息和审美信息三个层次信息的复杂信息综合体。设计的技术信息层指的是信息的物质层面或者说形式层次，也就是设计的造型、色彩、照明。对于艺术符号来说，"语义信息"和"审美信息"是两个不可缺的层面，一个是确定有序的，一个是游弋无序的。每一个优秀作品都是由"语义信息"与"审美信息"、有序状态和无序状态共同编织成的一个符号体。艺术语言符号在信息的传递过程中，必须考虑到欣赏者的感知觉。欣赏是人们在自己的"心理定势"或"心理预结构"的基础上去接受信息、发挥联想的主动心理行为。艺术设计符号所承载的审美信息要表现出二度的变更性和扩展性，同时让欣赏者主动接受，从而使艺术符号所传递的信息达到最高的具体性、丰富性和完整性。

日本的大型超市导入CIS，色彩简洁，造型明确，形象深入环境的每一个地方，给人清晰的形象识别和信息传达，成为企业营销战略有力手段（图2-71）；日本东京国际展示场的建筑

前页

图2-69 各种环境标识设计
图片来源／百度图片、漆平.现代环境设计·美国 加拿大篇.重庆：重庆大学出版社，1999.10

图2-71　日本超市导入CIS的形象识别和信息传达

图片来源／漆平. 现代环境设计·日本篇. 重庆：重庆大学出版社，1999. 39

后页

图2-72	图2-73
图2-74	图2-75
图2-76	图2-77

图2-72　东京国际展示场的建筑造型
图片来源／漆平. 现代环境设计·美国 加拿大篇. 重庆：重庆大学出版社，1999.10. 11

图2-73　东京国际展示场的花池的造型
图片来源／同上

图2-74　东京国际展示场的扶手的造型
图片来源／同上. 12

图2-75　东京国际展示场的过道的结构造型
图片来源／同上

图2-76　BCE Place中庭玻璃弯顶的金属支柱
图片来源／同上

图2-77　入口门廊的支架
图片来源／同上

造型以倒梯形为主要造型元素（图2-72），在环境的各个部分，这个造型信息到处可见，花池的造型（图2-73）、扶手的造型（图2-74）、过道的结构（图2-75）与建筑的基本造型吻合，给人以整体的形象。在造型元素的处理上，设计师没有把它仅仅作为平面装饰，而是把造型元素作为建筑结构的一部分来加以考虑，比起平面化的装饰，这种处理手法给人以更为强烈的空间感受。加拿大多伦多市的大型商业和办公建筑BCE Place的中庭用金属骨架做成拱券式的玻璃弯顶（图2-76），其金属支柱的Y形结构符号，在入口门廊的支架（图2-77）、室内扶梯的支架甚至照明灯罩的支架、标识牌造型（图2-78）、标识牌支架（图2-79，图2-80）等处重复运用，环境形象信息传达整体统一。

有艺术家运用同一系列的五盏灯饰构成了某地公共图书馆入口的标志性景观（图2-81），用不锈钢和发光玻璃制成的条码状纹理代表进行知识传播和信息传输的通道，路面的条纹状图案加上极具雕塑感的灯饰与整体的景观结构相得益彰，不但体现了图书馆与周围社区的联系，而且使图书馆的前庭显得动感而迷人。

图2-78 | 图2-79 | 图2-80

图2-78 标识牌造型
图片来源／漆平. 现代环境设计·美国 加拿大篇. 重庆：重庆大学出版社，1999.10

图2-79 标识牌支架
图片来源／同上

图2-80 标识牌支架
图片来源／同上

图2-81 知识和信息的传输通道——条码状花纹灯饰
图片来源／景观设计. 2009.5（33）. 32-34

第二节　城市景观艺术设计与心理生态环境

一、心理生态平衡的调节和补偿

　　心理生态平衡实现的主要载体是视觉平衡。视觉平衡是人大脑皮层中的生理力追求平衡状态时所造成的一种心理上的对应性经验，能使人称心和愉快。鲁道夫·阿恩海姆[①]在《艺术与视知觉——视觉艺术心理学》中认为，在人类生活中，平衡只能部分地或暂时地获得。即使如此，一个不断地从事于追求和运动的人，总是要设法把构成他生命状态的那些相互冲突的力量组织起来，尽可能使它们达到一种最佳的平衡状态。所有艺术构图中的平衡反映了一种趋势，这种趋势也就是宇宙中一切活动所具有的趋势。艺术品所达到的平衡，是构成人类生活的那些反复出现、重叠发生的动机永远无法达到的，但是艺术中的平衡，却又远不仅仅是一种平衡的幻觉。如果我们把艺术定义为某种追求和获取平衡、和谐、秩序和统一的活动，那么我们的定义也就同动机心理学家为人类找到的那个静止的概念一样，其实是一个歪曲事实真相的片面论断。正如人的生活并不是追求空洞无物的安静，而是一种有目的的活动一样，艺术品也不是仅仅追求平衡、和谐、统一，而是为了得到一种由方向性的力所构成的式样。

　　城市景观艺术通过某些形式，能对城市现代化之初的不良环境所导致的心理失衡、枯燥、单调、焦虑、烦躁等现象进行心理调适，解决城市生活的心理冲突，使人在审美情绪发生、发展过程中，建立高度和谐的心理调节机制。例如环境壁画，它不占有建筑的实用空间，但在精神功能上，不同的壁画设计引起不同的空间感觉，在视觉上和心理上使建筑物内部空间和外部空间具有不同的气氛和不同的艺术感染力。壁画通常以

①阿恩海姆，美国心理学家、美学家，格式塔心理学、美学主要代表。20世纪40年代起开始研究艺术心理学的研究。1956～1960年任美国美学学会主席。阿恩海姆认为艺术建立在知觉的基础上，研究艺术首先要研究人的知觉结构。阿恩海姆从"完形"论出发对视知觉及其同艺术、审美的关系作了深入研究，认为视觉并不是孤立的活动，诸心理能力在任何时候都作为一个整体活动着。艺术的形式结构与它表现的情感因素之间在结构上有一种力的同形同构关系，表现性存在于结构之中。阿恩海姆晚年侧重研究视知觉的理性本质以及视觉意象对于一般思维所起的重要作用，对艺术思维的心理学本质作了深刻的揭示，对克服纯理性主义或直觉主义的片面性有一定贡献。主要著作有《艺术与视知觉》、《走向艺术心理学》、《视觉思维》等。

图2-82（左） 加拿大卡尔加里市街心公园小广场雕塑
图片来源／漆平. 现代环境设计·美国 加拿大篇. 重庆：重庆大学出版社，1999.10

图2-83（右） 电梯门上的壁画
图片来源／漆平. 现代环境设计·日本篇. 重庆：重庆大学出版社，1999.10. 44

后页

图2-84	图2-85
	图2-86
	图2-87

图2-84 硬线材构成形式的城市雕塑
图片来源／漆平. 现代环境设计·美国 加拿大篇. 重庆：重庆大学出版社，1999.10

图2-85 曲线材构成形式的城市雕塑
图片来源／永辉 鸿年. 公共艺术. 北京：中国建筑工业出版社，2002. 30-31

图2-86 环境雕塑《红色立方体》
图片来源／风景园林. 2009（2）. 103

图2-87 巴利克银行总部内庭设计
图片来源／永辉 鸿年. 公共艺术. 北京：中国建筑工业出版社，2002. 101

抽象、直观或者个人爱好的方式，对各种墙面的表层进行局部、片段的图像描绘，激发观者的主体联想和隐喻联想，进行视觉调节以消除寂寞、振作精神。当它与建筑物相对比例改变时，可以扩张、收缩和活跃建筑空间，为人造环境带来活力和色彩。

1. 丰富

城市景观艺术往往能够丰富空间环境的氛围，打破单调的混沌感，使城市景观具有层次丰富的视觉美感。加拿大卡尔加里市街心公园小广场的一组雕塑的尺度较大，用夸张变形的细长舞蹈人物构成，雕塑色彩是深褐色的，与周围浅色高耸的建筑形成动和静、直线和曲线、浅色和深色的对比，丰富了人的视觉感受（图2-82）。日本城市景观艺术家在电梯门上创作壁画，让顾客在等电梯时不会感到枯燥（图2-83）。线构成形式的城市雕塑则能丰富人视觉中建筑物形态的单调（图2-84，图2-85）。

2. 动感

"动"对应"静"，在整体静寂的环境中插入动感的元素，会使视觉得到一定的平衡，活跃空间氛围，丰富人们视觉层次感。纽约的Manine Midland信托公司前，设置了日本艺术家野口熏的《红色立方体》（图2-86），雕塑的背后是无光的黑色铝合金和青铜色玻璃组成的光滑冰冷的建筑，在周围没有什么色彩装饰的环境中，这个中间斜置一个大圆洞的红色立方体格外

显眼，它的不稳定性和色彩给死板的环境增添了生机和亮色，营造了一种动态的平衡和谐。

英国巴利克银行总部室内的中庭设计采用的立体装饰手法是将56根人造竹竿，以不同的角度从第六层楼的顶棚上悬吊下来，与地板上摆放的天然竹子呼应，既保证了空间的私密性和室外景观视线的畅通性，又为室内空间添加了动感，活跃了气氛。这种独特的空间新形象，让人们在俯瞰之余拾取悬挂风景的趣味（图2-87）。

在空旷、平整的空间中，置入具有动感的雕塑形体，能够打破平淡，增加环境的活力（图2-88）。《生命之响》（图2-89）是一件活动雕塑，作者利用风力、水流让雕塑产生动感。该雕塑作品与周围的水池、喷泉、远云交相辉映，绚烂夺目。雕塑的各个镜面在旋转中不停地转换方向，光影效果也时时发生变化，显得丰富与绚丽。

紧邻乌得勒支中央火车站的荷铁前总部"De inkpot"（图2-90，又称"墨水池"）是荷兰最大的砖造建筑，是一个富于创造力的庭园，各种景观小品的设计均兼顾了实用性与娱乐性，包

图2-88（左） 不稳定感的小型雕塑形体
图片来源/永辉 鸿年. 公共艺术. 北京：中国建筑工业出版社，2002.148-149

图2-89（右） 日本雕塑家新宫晋作品《生命之响》
图片来源/王暾. 公共艺术日本行. 中国电力出版社，2008.3

括轨道上可自由移动的一个个植栽容器以及可随意组合的庭园坐椅，当需要更多坐席或私密空间的时候，这些景观小品可以进行相应的变换。

3. 软化

软化的基本含义是将硬质的东西变成柔软的东西，在艺术概念中可以引申为将僵硬的变成灵动的，将冰冷的变成温暖的。流畅的线条、运动的姿态与缤纷的色彩，能够软化城市冰冷的空间，增添街头的活力气氛（图2-91，图2-92）。美国雕塑家罗伊创作的铝合金喷漆的环境雕塑《东京的笔触》（图2-93），通过立体的形象表现画笔的运动和笔迹，用流动的线条和缤纷的色彩软化了城市空间，用艺术感性的形象软化了周围几何形古板建筑空间。

4. 联系

任何事物都不是孤立存在的，空间中事物的各种关系被称为联系。城市景观艺术把看似无关的空间相互联系在一起，能够使空间环境和谐而有趣味。如在新老建筑之间既狭窄又昏暗的夹缝，用建筑的手法处理这一空间，显然比较棘手，艺术家的出现使这一问题迎刃而解，红色的大门以及它的延伸，与建筑有效地融为一体（图2-94）。无独有偶，日本艺术家伊藤诚在通风口环境设计中，把通风口置于柱体的后面，设计者没有进行过多处理，而是在前面做了一个装置，使柱体、通风口、天桥产生了有机联系（图2-95）。

在加拿大多伦多市有两个世界闻名的建筑，一个是世界上最高的多伦多电视塔，另一个是可移动巨型拱顶的室内体育馆。

图2-90	
图2-91	图2-92
图2-93	
图2-94	图2-95

图2-90 乌得勒支的"墨水池"

图片来源／景观设计. 2009
（36）. 14-15

图2-91 软化环境空间的运动姿态雕塑

图片来源／漆平. 现代环境设计·美国 加拿大篇.
重庆：重庆大学出版社,
1999.10

图2-92 能软化室内大空间的雕塑

图片来源／百度图片

图2-93 环境雕塑《东京的笔触》

图片来源／永辉 鸿年. 公共艺术. 北京：中国建筑工业出版社, 2002. 102-104

图2-94 联系新老建筑的红色大门

图片来源／漆平. 现代环境设计·美国 加拿大篇. 重庆：重庆大学出版社, 1999. 10

图2-95 通风口环境设计

图片来源／永辉 鸿年. 公共艺术. 北京：中国建筑工业出版社, 2002. 46

图2-96（左）多伦多电视塔和体育馆雕塑

图片来源/漆平.现代环境设计·美国 加拿大篇.重庆：重庆大学出版社，1999.10

图2-97（右）金牌公园中的道路

图片来源/景观设计学．2008.7（1）．111

这两个建筑物相邻，体育馆建筑的上部墙面设计有一组人物雕塑，雕塑的人群中有的用手指着电视塔，有的拿着望远镜在观景，这组雕塑使这两个建筑产生视觉和心理上的联系（图2-96）。Oslund &Assoc设计公司在金牌公园道路设计的案例中（图2-97），运用图案的方式将一条盘旋的道路置于空旷的草坪之上，既分割了空间层次，又通过道路将空间联系在一起。简单的空间创造方法将空间转变为充满回忆和情感的场所。

《草坪花园》（图2-98）是一个作为"新城市景观"的临时性艺术设施，它是美国曼哈顿南部世界金融中心竣工时多位艺术家及建筑师的作品展示。草坪花园的意图是采用建筑师的立面图案并重新应用于大楼，以花园的形式产生另一层面的视

图2-98《草坪花园》

图片来源/[美]伊丽莎白·K·梅尔.玛莎·施瓦兹：超越平凡——现代园林设计与艺术译丛.南京：东南大学出版社，2003.31-33

觉体验。塑料草皮组成的图案向上延伸至大楼的立面，把园林和建筑组织在一起。一块块的草皮按照窗户的图案，从大楼及高速公路西侧草坪上移除，产生了大楼立面精确的镜像。

5. 假象

假象往往可以迷惑人的眼睛，隐藏事实真相，给人的心理造成一定的影响，在景观艺术中的运用却能起到意外的效果。纽约世界贸易中心最高一层的电梯出口的窗前，设置了一组剪影式的平面制作的观景人群的雕像（图2-99），给人以聚集的假象，既可防止人群聚集停留，又装饰了空间。同样，公共环境中为了阻挡人流通过，可在平面雕像中制造队伍经过的假象，让人望而却步，同时灰色剪影让人不自觉地感到杂乱（图2-100）。

6. 弥补

城市景观艺术因其本身所带有的艺术气息，在视觉上能够弥补空间环境的不足。现代市区中的街道壁画，可以弥补城市中某些旧的街道建筑视觉效果较差的不足，增加视觉美感，使单调的空间更加丰富，也可以突出某个建筑的特定功能。加拿大温尼伯市某街道边一块有几棵树的空地上，暴露出一块旧的墙面，影响观瞻。艺术家在墙面画上模拟阳光照射下树影的蓝紫色，与墙面黄绿色的树叶及墙上垂藤的暗红色交织在一起，就像一幅美丽的风景画，使这块小空地成了一个色彩丰富的艺术空间（图2-101）。美国费城的褐色大厦后面有一个旧的锅炉房和高大的烟囱（图2-102），视觉效果极其不好。艺术家在锅炉房的墙面接着真实的烟囱画出烟囱的下半截，并在墙面其余地方画上蓝天白云和拖着大厦名称飘带的滑翔飞机，改变了原来的景观，使之成为一件城市景观艺术作品。城市中施工工地杂乱的景象影响视觉效果，工地护墙板的艺术化可以弥补这一弊端，缩小施工工地与周边环境的距离，使城市景观在施工中不产生大的破坏（图2-103）。

图2-99	图2-100
图2-101	
图2-102	图2-103

图2-99　世界贸易中心最高层电梯出口雕像

图片来源／漆平. 现代环境设计·美国 加拿大篇. 重庆：重庆大学出版社，1999.10

图2-100　阻挡人流通过的灰色剪影雕像

图片来源／同上

图2-101　模拟树影效果的墙面壁画

图片来源／同上

图2-102　锅炉房墙面的烟囱壁画

图片来源／同上

图2-103　工地护墙板的艺术装饰

图片来源／同上

7. 引导

城市景观艺术很多时候具有引导视觉和心理的功能，它们具有的一些指向性，引导人们的视觉中心点，扩大视觉维度，牵引着人们的情感变化。具有历史意义的美国Hoover Dam水库的大坝上方，空间非常狭小，但艺术家巧妙地设计了一座尺度不大、夸张变形的两手向上的羽翼人雕塑（图2-104），加上两旁配置的高耸的美国国旗，把人们的视线引向高空，扩大了视觉心理空间。

8. 虚实

虚和实是作为两种相互对应的状态存在的，可以理解为同一事物的不同存在形式。环境设计的艺术作品能够运用多变的空间样式使其设计独具魅力与特色。凹凸空间就是虚实的一种体现，凹凸空间的凸为向外扩张的实体，简称正空间；凹为内向作用呈现的内陷，称负空间。它们代表两种力与两种形的

图2-104　Hoover Dam水库的羽翼人雕塑
图片来源／漆平. 现代环境设计·美国 加拿大篇. 重庆：重庆大学出版社，1999.10

对比。在城市景观艺术设计的作品中，充分调动人们的"错觉"，将凹与凸、阴与阳有机地协调互转，以凹作凸，可给予"负"空间一种更大的主动性。正负空间相互转换与替代，会使立体造型在空间因素的呈现更加具有复合性，从而产生更加丰富的视觉效果。实中有虚，虚中有实，虚实结合，互补相生，这就增加了受众体验的空间深度，增加了空间的丰富性和多样性。而这一点也最能体现设计艺术家对空间的敏感程度和娴熟善变的艺术造诣。亨利·摩尔是把孔洞技术运用得最成功与完美的雕塑家，孔洞的运用打破了"雕塑是被空间所包围着的实体"这样一个西方传统雕塑的固有概念，让空间穿透雕塑，使空间成为实体空间的一部分，虚实相生，雕塑与空间融为一体，更加耐人寻味。孔洞已经变成了摩尔的商标，是其雕塑散发奇异魅力的重要因素，其营造的通透空间意味着立体造型的封闭性空间被彻底打破，作品的内部空间可呈露于外，也可透过造型本身直接将作品之外的虚空间引入作品之中（图2-105）。巴塞罗那奥运村的《瞬间永恒》（图2-106）中，空旷的平地上规则地伫立着一排排柱子，柱子上面细丝状的柔软的线条将每根柱子联系起来，柱子与细丝形成了具有不同感觉

图2-105（左）亨利·摩尔雕塑
图片来源／百度图片

图2-106（右）巴塞罗那奥运村的《瞬间永恒》是日本艺术家宫协爱子的作品
图片来源／章晴方. 公共艺术设计. 上海：上海人民美术出版社，2007. 23

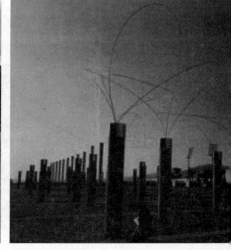

的虚实空间。柱子的坚挺支撑了线条空间的柔软，线条的灵动丰富了规整的空间层次。

二、心理生态环境的营造和优化

城市景观不仅要悦目，更要悦心。环境作为艺术，当然必须有造型上的意义，但城市景观艺术并不止于此，它不等同于环境的美化，更重要的是，它还要通过环境的构成，渲染出一种意境、一种氛围，能动地陶冶人们的性情，激起感情上的波涛，并由情感进至情理，使人得到教益。在古代，宫殿的威严壮丽、古刹的深邃宁静、园林的高雅亲切、国家性纪念广场的庄重开朗以及陵墓环境的严肃静穆……都体现了城市景观艺术的目的性。

人们面对欣赏对象，心理上所产生的愉悦美感，来自主客观两个方面，一是客观美的事物，一是主观方面的某种观念。美的观念的形成与渴望达到的满足，即所谓"外师造化，中得心源"，其中心源即为观赏者的心理冲动。城市景观艺术设计可以通过各种手法来营造完形、夸张、含蓄、愉悦、趣味、轻松、神秘、迷惑、隐喻等不同的心理生态环境。

1.完形

格式塔完形心理学认为，经验不是各个部分之间简单的总和，其中包含文化的反映。人们的思维意念对环境的反映能够引导出更多的解释，因此人们通过学习和鉴别能够得到比实际看到的更多更丰富的东西。心理上的内在感觉有巨大的伸缩力，艺术家运用格式塔心理学的图形作用可以表现更为深刻丰富的内涵。

根据完形心理图形塑造的环境雕塑，就是充分利用人们在心理上总是试图把分开的形体合在一起的冲动（图2-107）。日本广场雕塑《绕圈的横滨》（图2-108），翻转、扭动、盘旋、动感十足的银龙般的过山车仁立在广场上，弧线造型与周边直

图2-107　完形心理图形的环境雕塑
图片来源／百度图片

图2-108　日本广场雕塑《绕圈的横滨》
图片来源／永辉 鸿年. 公共艺术. 北京: 中国建筑工业出版社, 2002. 28

图2-109　东京国际展览中心前的
手锯雕塑
图片来源／永辉 鸿年. 公共艺术. 北
京：中国建筑工业出版社，2002. 19-21

①奥登伯格，美国波普艺术雕塑
家。早期的作品受到抽象表现主
义的影响，后来与实验艺术家艾
伦·卡普罗（Allan Kaprow）建立
关系，并以他为榜样，在1958年前
后制作出一批"偶发艺术"作品。
1961年至1962年，奥登伯格模仿资
本主义的市场运作模式，以零售商
店为主题举办两次展览。在其中第
二次展览，奥登伯格制作出第一批
比真人还要大的仿制品，包括有日
常生活中的消费者、实物和食品。
从1964年开始，奥登伯格先后在
威尼斯、卡塞尔、纽约、阿姆斯
特丹、斯德哥尔摩、图宾根、科
隆、克雷费尔德、杜伊斯堡、伦
敦等地举办大型展览。

线构筑的建筑形成强烈对比，形成"图—底"关系，产生了巨
大的视觉冲击力，成为广场的视觉中心。

2.夸张

将传统的构件在尺度或形状上进行夸张变形，夸张的部分
效果将更为显眼而成为视觉构图中心，具有强烈的冲击力和标
志性。

日本东京国际展览中心前屹立着美国波普艺术的重要代表
人物之一克莱斯·奥登伯格（Claes Oldenburg）①的雕塑（图
2-109）。日常生活中司空见惯的手锯被艺术家夸张为巨大规模
的、具有深刻含义的作品，暗示着背后的国际展览中心内每天
都进行着各种复杂艰难的谈判，切割着各种比例的国际蛋糕，
因此该大刀阔斧时，要充满自信。2008年为伦敦建筑节特别设
计的可移动建筑"鲜花凉亭"（图2-110），造型由绚丽而夸张
的黄色花瓣组成，外观艳丽喜庆，绽开的花瓣极致地诠释了建
筑节"新鲜"的主题，并给观众耳目一新的视觉享受。

3.含蓄

审美活动大多是以感性为主导的，艺术设计应该为欣赏者提供领略、玩味和再创造的余地，含蓄的表现能使设计师和欣赏者息息相通，切忌一目了然，过于直率。

日本YKK中心内庭的环境设计，一角设置的雕塑是44个"风儿鱼"的红色雕塑群（图2-111），在建筑围合起来的这一小片空间内，随风"游动"的"鱼群"仅从单体来说有些抽象，但是人们在习惯上并不会把注意力放在细小的局部，而是看到一片摇动的色彩群，感受到自然界的风和生命力。

4.愉悦

愉悦是发自内心的一种喜悦，是一种美好的心情。大自然具有唤起愉悦感的强大感染力，城市景观艺术认为环境要从属于大自然，保护和增加大自然之中的这种愉悦之美。轮胎糖果园是玛莎·施瓦茨为麻省理工学院海顿画廊设计的一个临时设施（图2-112）。她大胆地用尼克糖组成了规则的方形网格平铺

图2-110 2008年为伦敦建筑节特别设计的可移动建筑——鲜花凉亭
图片来源／景观设计. 2009. 5（33）. 21-22

图2-111（上） 日本YKK中心内庭的"风儿鱼"
图片来源／张俊华 屈德印. 90年代日本环境设计50例. 郑州：河南科学技术出版社，1999. 62

图2-112（下） 轮胎糖果园
图片来源／[美]伊丽莎白. K. 梅尔. 玛莎·施瓦茨：超越平凡——现代园林设计与艺术译丛. 南京：东南大学出版社. 2003. 5、9、10

图2-113 贾维茨广场
图片来源 / [美]伊丽莎白·K·梅尔.
玛莎·施瓦兹：超越平凡——现代园
林设计与艺术译丛. 南京：东南大学
出版社，2003. 42-43

于100英尺×170英尺的庭院草地上，呼应了麻省理工学院大庭院庄严与规整的气氛。施瓦茨用与尼克糖相应颜色的彩色轮胎组成的点状网格漆在这个网格上，并使两个网格呈斜交状态，由此产生一种方向感，指向海泽的新雕塑。之所以选择尼克糖这种设计元素是因为校园附近有一座尼克工厂，所以这里始终散发着糖果的甜香，搭配尼克糖的柔和色彩，伴随着初春的景象，不由得让人感到快乐而新鲜。巨大的方形网格规矩地平铺在庭院的地面，使得庭院生机勃勃、活力四射。

雅各布·贾维茨广场（图2-113），是施瓦茨又一著名作品。广场为附近的办公楼中的工作人员提供了一个很好的午间休息场地，所以平日午餐时间这里是最热闹的。为了削减使用者的生活压力，活跃生活气氛，施瓦茨在设计中加入运动和色彩元素，使得整个广场充斥着愉悦的灵动感。设计中她吸收了法国巴洛克园林的大花坛设计理念，用绿色的弯曲的木制长椅代替修剪的绿篱，围绕着圆球状的草丘卷曲、舞动，产生了类似摩纹花坛的涡卷图案。坐椅来回盘绕形成向内和向外两种不同的休息环境，适合不同的人群。

5.趣味

审美趣味是人追求美的生活原动力。梁启超先生就认为一个麻木的民族是没有趣味的民族，人们需要趣味来焕发振奋精神。

《前后吻合的圆》（图2-114）是瑞士艺术家Felice Varini趣味十足的作品。 Varini喜欢选择一些复杂的空间，赋之以色彩，形成一些似乎被截断或错位的图形。人们在移动中会惊异地发现一个能够看到正圆圈形成的视点，这一视点的视觉效果，能够把物理上的实在空间构造化为不可思议的平面圆环。人们在移动观赏中，可以意会艺术家在这圆形中赋予的城市中秘密存在的某些暗号的创意和趣味。

英国雕塑家安东尼·葛姆雷（Antony Gormley）[①] 的《密着》（图2-115）是一件呈"大"字形平卧在草地上的雕塑，表现的是效果十分怪异的人体，这种姿态给观者诙谐的趣味。作品充满了后现代的狂放不羁和雅痞般的戏谑：放弃一切矫饰，光光地面对周围一切；在汽车泛滥成灾的美国闹市区，街边摆放上《摇摆者》（图2-116）这么一件形象单纯、色彩鲜明、如同在弧形上互相追逐的车群雕塑，幽默感油然而生，似乎在冷眼嘲笑公路上竞逐者的愚昧。《流泪的天使》（日本箱根雕塑公园）（图2-117）是弗朗西斯·阿克西夫克劳特·雷兰尼作品，巧妙地利用了石料的俏色，使柔性的绿化与坚硬的石材组合，构成了极有趣味的形象。

6. 轻松

城市景观艺术应创造能使人轻松舒适的环境，使人不知不觉地得到充分休息，领略轻松自得的情趣，体会轻松感的奥妙。人们能在这些场所寻求轻松休息的美，使紧张的身心得到松弛，使紧张的生活节奏得以缓解。美国雕塑家克莱斯·奥登伯格创作的酷似日用火柴棒的作品（图2-118），其特点是将日常的事物扩展到一种巨大的尺度，引导出一个陌生的滑稽的空间环境，使人们在忙碌和严峻的生活氛围中感受到一种诙谐和轻松；在德国敏斯特市的一个不起眼的停车场，设计师用砂岩雕刻出一个大圣杯，上面摆放了两颗连体带梗的红樱桃，题目就叫做"樱桃柱"（图2-119），场所本身的索然无味，被这两

①葛姆雷，当代雕塑艺术大师，在其艺术生涯中，葛姆雷一直以自己的躯体作为原型，并以此为出发点探索躯体与其寓居的空间之间的关系，最为人认可的部分作品包括《土地》、《北方的天使》以及为格林尼治千年穹创作的被过滤广告《量子云》等。

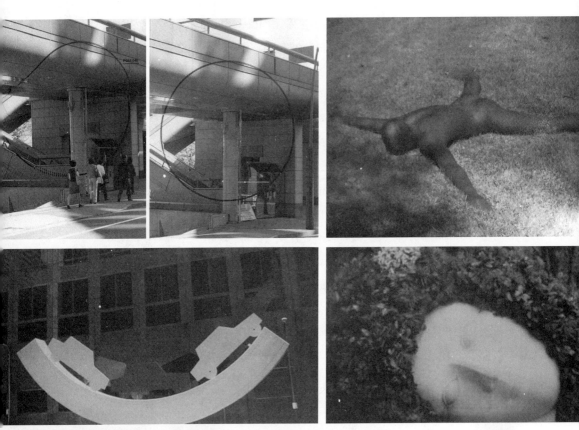

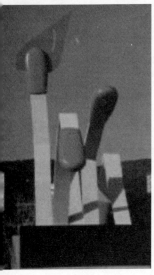

颗鲜活的红樱桃所点亮，作品本身也更加抢眼。维也纳的洪代特瓦色尔公寓（图2-120），设计充满着自然的人文主义色彩，整个建筑具有神话般的童趣，造型独特，立面处理自由得体，尽管窗户大小不一，但每个窗户都透着神秘的眼光。

7. 神秘

神秘感最能引起人的联想，创造神秘感的景观可以唤起人类追求新奇的好奇心，并具备文化、历史、传统、民俗等多方面的含义。多伦多的街道旁，较为古老的印第安人的具有神秘感的巨大圆木雕刻的印第安图腾柱子作为环境雕塑设置在城市中，正好和不远处的现代建筑——世界最高的多伦多电视塔相呼应（图2-121）。

人们大多凭直觉和感性来认识艺术美。在艺术美的直觉性审美作用下，一旦环境景观中出现表现深奥的艺术品，人们就会迷惑不解，情不自禁地受其吸引，自然而然地产生一种愉悦感，通过想象、分析和判断（图2-122，图2-123）等来品察回味。日本箱根雕塑公园内有三个非坛非罐的雕塑（图2-124），视觉上让人产生非同寻常的联想。

8. 隐喻

隐喻是在彼类事物的暗示之下感知、体验、想象、理解、谈论此类事物的心理行为、语言行为和文化行为，它是聚类性内涵的表现符号，能够唤起人们的联想和美感，使设计所具有的内涵得以发挥，更具感染力（图2-125）。贝聿铭设计的香山饭店的地面沟槽就是采用了古代龙虎的隐喻（图2-126）。

2009年建成的西班牙纳瓦拉省的瓦尔特固体垃圾收纳站（图2-127），"隐喻"成为最为重要的一种设计理念与构思源泉。设计师把城市看作为一个巨大的身体，固体垃圾收纳站被隐喻成身体内部的消化系统，消化了来自城市的固体废品，它履行着一种真正意义上的生物学功能。隐喻在设计上的使用不仅体现出人类基本的思维方式，而且有利于让建筑超越"遮风

前页

图2-114	图2-115
图2-116	图2-117
图2-118	图2-119

图2-114　城市景观艺术作品《前后吻合的圆》
图片来源／永辉 鸿年. 公共艺术. 北京：中国建筑工业出版社, 2002. 48-49

图2-115　安东尼·葛姆雷的雕塑《密着》
图片来源／王曜. 公共艺术日本行. 中国电力出版社, 2008.3

图2-116　《摇摆者》
图片来源／陈绳正. 城市雕塑艺术. 辽宁美术出版社, 1998.1

图2-117　《流泪的天使》（日本箱根雕塑公园）弗朗西斯·阿克西夫克劳特·雷兰尼
图片来源／王曜. 公共艺术日本行. 中国电力出版社, 2008.3

图2-118　酷似日用火柴棒的雕塑
图片来源／永辉 鸿年. 公共艺术. 北京：中国建筑工业出版社, 2002. 106

图2-119　《樱桃柱》
图片来源／创意, 1995, 2（2）. 13-14

图2-120 | 图2-121
图2-122

图2-120 洪代特瓦色尔公寓的立面设计
图片来源／创意, 1995, 2（2）. 13-14

图2-121 多伦多的印第安图腾柱
图片来源／同上

图2-122 造型神秘的环境雕塑
图片来源／漆平. 现代环境设计·美国 加拿大篇. 重庆：重庆大学出版社, 1999.10

后页

图2-123 | 图2-124
图2-125 | 图2-126
图2-127

图2-123 造型神秘的环境雕塑
图片来源／漆平. 现代环境设计·美国 加拿大篇. 重庆：重庆大学出版社, 1999.10

图2-124 日本箱根雕塑公园
图片来源／王暖. 公共艺术日本行. 中国电力出版社. 2008.3

图2-125 隐喻了特定历史、文化情结的家具设计
图片来源／何晓佑, 谢云峰. 人性化设计. 南京：江苏美术出版社, 2001. 234

图2-126 贝聿铭设计的香山饭店的地面沟槽
图片来源／http://www.blog.163.com

图2-127 隐喻的力量——瓦尔特的城市固体垃圾收纳站
图片来源／建筑艺术. 2010（11）. 27

图2-128（左）《公司之头》
图片来源／陈绳正．城市雕塑艺术．
辽宁美术出版社，1998.1
图2-129（右）用钢丝围成的人
物头像
图片来源／同上

挡雨"的实用层面，进而传达出更加具有可感性的精神内涵。隐喻正是以一种看似奇特的形式与结构来暗示其内在的设计理念，实际上是给予设计物一种超凡的灵性。

9.幽默

幽默是一种表达诙谐的手段，充满趣味。幽默地表达一种内涵往往可以让观者印象深刻，作品表面上是让人一笑，但是之后能让人联想到深层次的内涵。位于洛杉矶花旗广场的《公司之头》（图2-128）这件雕塑，颇有幽默感，寓意一心上进的经理的头已被公司吞没；在布劳尔·哈奇在纽约设计的用钢丝围成的人物头像雕塑中（图2-129），若隐若现的轻盈头像中攀援着许多可爱的小精灵，平添了许多趣味。

第三章
城市景观艺术设计
与文化精神生态

　　寻回失落已久的心灵美德，寻回人的天真、质朴、正直、善良，寻回人的尊敬、自信、理想、献身精神，寻回人的爱的能力、审美能力，寻回人的创造精神、献身精神，寻回人和人之间的和谐、人和自然之间的平衡。

　　　　　　　　　　　　　　　　　　　　　　　　　　　　　　——鲁枢元

第一节　文化精神生态的内涵

一、文化精神生态与设计的艺术化

设计的艺术化是环境设计的首要追求之一，当艺术与设计在一定条件下达到融汇交织时，会给人提供直观的审美体验和对生活境界的启迪。而设计的真正价值却在于它所包含的文化元素，一个优秀的设计作品一定与当时的社会文化有着紧密的联系，是对社会文化生活态度的一种间接表达。所以说，环境设计的艺术化表明设计的文化功能是设计本身不可分割的一个要素。

文化是人的产物，人也是文化的产物，人创造了文化的同时，文化也造就了人。前苏联学者卡冈从马克思主义哲学的原理出发认为："文化是人类生活的各种方式和产品的总和，包括物质生产、精神生产和艺术生产的范围，即包括社会的人的能动性形式的全部丰富性。"[①] 文化是一个非常广泛的概念，很难给它一个精确和严格的概念，笼统地说，文化这个词有两种含义：一种是人类学意义上的作为生活方式的文化，即物质文化；另一种是精神文化，艺术的文化作为一种精神文化，是文化产品与体验的精神升华。设计艺术化，艺术设计化，设计与艺术的融合，设计师与艺术家角色的转变使后工业社会中这两种意义上的文化的界限已经很模糊了，作为艺术的文化所涉及的现象范围已经扩大，它吸收了广泛范围内的大众生活与日常文化，任何物体与体验在实践中都被认定与文化有关。人类的艺术史证明，艺术绝不能脱离生活，否则艺术会失去生命的养分与光华；而生活永远是艺术可参照、借鉴和革故鼎新的动力与灵感的源泉。人类生活正是因为有艺术的存在，精神世界才更为充实，思想才变得愈加丰富、文明。作为创造生活方式

①卡冈. 美学与系统方法. 凌继尧译. 中国文联出版公司. 1985. 185.

之手段的设计，越来越与艺术相接近，体现人文特色或蕴涵人文精神的产品也越来越丰富。设计师通过自身的经验以及对人们需求的认知，从生活中提炼出有价值的信息，经过加工和再创造，把这些信息植入设计作品中去。所处时代的不同、经历的不同、环境的不同，导致每个人对设计的理解也不同，人们会从不同的角度去品味艺术，审视设计。充满文化内涵的艺术设计会在消费者使用时产生一种情感的认同和情感的投入，就像茶和咖啡一样，它们不仅会使人产生不同的生理反应，而且会营造出不同的气氛和情调，这是精神现象在艺术符号中所透露给我们的某种东西，或者说，是我们从精神符号中期待、召唤并获得应答的某种东西。在此意义上，艺术的"韵味"、"感悟"才可能对我们的生活具有某种新的意义。

城市景观艺术设计不单为城市创造了美丽的物质空间，它也为城市创造了人性的精神空间。它作为时代、社会、文化和艺术的综合体，赋予城市环境空间以精神内涵和艺术魅力，提高了城市的文化品位和质量。工业化的逐步推进，使社会和经济得到了迅速发展，人民生活水平也明显提高，但人类所得到的这一切成果，都在一定程度上以消耗资源和牺牲自然环境为代价，我们赖以生存的居住环境已恶化到千疮百孔。尤其在城市，形势更严峻，给人们带来的伤害不止是在生理上，精神上的伤害似乎更为令人担忧。人类作为城市环境中的重要组成部分，每天面对污浊的空气、嘈杂的鸣笛声及杂乱不堪的城市景观时，艺术品位和审美能力也会潜移默化地下降，文化精神匮乏的危机相应出现。解决文化上的精神生态危机，艺术设计就要力求创造人性的精神空间，在行业的产业化、商业化进程中坚守创作的艺术化，把真善美的价值观融入人们的生活方式中，充分发挥城市景观艺术设计的艺术功能，以城市景观艺术美来进行认识、教育、审美和心理调适，以优化符合人与自然、人与社会关系的文化精神生态。

　　当现代社会中的商业性消费成为社会控制性生活，剥削个性、人性，瓦解个人精神存在时，城市景观艺术不能只为满足业主的商业目的和大众的低级趣味，设计一些矫揉造作、低艺术品位的迎合性作品，而要力求最大限度地发挥设计师的艺术创造精神，将艺术的韵味和设计的美感在艺术设计作品中充分表达出来，使不同年龄、不同背景、不同职业的人都能从中感受到那一缕属于自己的"气息"，让消费者与其产生一种精神上的共鸣，引导大众走向真善美的境界。这不仅是社会文化走出生态困境的主要途径，而且也是改变城市景观艺术设计自身生存发展的重要选择。设计的艺术化发展道路无疑是技术发展到一定程度的必然，是人类本性的回归，城市景观艺术设计应该成为一种对美好生活的态度。

①Roxy Paine，纽约观念艺术家，作品往往表现为对自然与科技之间泾渭分明的分界线的质疑。

　　美国当代艺术家Roxy Paine① 擅长用一些高低错落，粗细有别的不锈钢质的"树枝"，传递物化思想后的某种精神。Roxy Paine擅长在作品中传达抽象理念，从他广为人知的"枝状系列作品"中，人们看到更多的是形态迥异、大小不一的不锈钢枝状物。他用不同的创作手法打造出外形不同却内在精神共通的环境雕塑作品（图3-1，图3-2）。那股内在的精神围绕自然与社会、人与环境等观念展开，表现出一种人文关怀的观念。Roxy Paine根据当时的社会与文化背景传达抽象的生命和生存意识，借象征语言来进行具象化处理。景观艺术作品《大漩流》（Maelstrom，图3-3）与其说是一棵"巨无霸"形的钢树，还不如说它更像一团解不开理还乱、既无序又有序的荆棘丛。对于《大漩流》，Roxy Paine赋予了它五个联想：灾难过后的丛林；不可抗拒的大自然力量；经过肢解与重组的树；发生在神经系统中的风暴；狂乱无序的工业管道。这五个联想引发观者对环境、自然、个体、社会与秩序等现象的思考。当人们更深切地关注自然界中的其他生命，关注现代社会中人的生存状态等问题时，"人文关怀"将不自觉地被带入日常行为中。观者

将被作品复杂的结构所震慑，并深切地感受到它所传达的美，扭曲强悍的线条产生各种深刻的联想，一旦联想产生，意象的思维形式也就成了传达观念的纽带。

二、文化精神生态与设计的人情化

英国哲学家怀特海曾经说过，你理解了太阳、大气层和地球运转的一切问题，你仍然可能遗漏了太阳落山时的光辉，夕

图3-1 ｜ 图3-2
图3-3

图3-1　倒置　不锈钢雕塑
42英尺×35英尺（高×宽）
图片来源／建筑艺术. 2010. 12（2）.
91-95

图3-2　结合　不锈钢雕塑，纽约麦迪逊广场公园
图片来源／同上

图3-3　大漩流　纽约城市景观设计作品
图片来源／同上

阳无限好，那该是一个审美的境界，而审美的境界总是与自然密切相关。伟大的艺术就是处理环境，使它为灵魂创造生动的价值。在这个急剧变化的时代，人们既希望从传统中找回精神的家园，以弥补社会快速发展带来的心理失落与不安，同时又满怀着跃跃欲试的激情，试图运用当代科技来重新组织自己的审美体验，重新调整心态，使之适应现代生活。在物质需求逐步得到满足以后，人们在精神上的要求日益强烈，并渗透到更深的层次，这就是精神生态设计的社会文化来源。

城市景观艺术设计不仅和人的心理、生理关系密切，而且和文化风俗、生活环境、物质丰富程度、历史条件等息息相关。人类创造的每一个"第二自然"，都或多或少地渗透着人情气息。人是有感情的动物，所以环境也被人赋予了特别的感情。尽管感情的接触既难以把握又转瞬即逝，但作为成熟的设计师，更应该将自己的情感倾诉出来并引起消费者的共鸣。在优秀的作品背后，我们还可以看到设计师关注环境、关注人文的情感表达。有一位评论家在评论意大利建筑时指出："意大利的广场，不单单是与它同样大小的空地，它是生活的方式，是对生活的观点。"设计师与工程师、艺术家最大的区别莫过于此，设计师优先要考虑的是人们对生活的观点。

城市景观艺术设计在"人本主义"的引导下也被赋予了现代人情化含义。人情化设计不是由一场设计运动或一个设计团体提出的，它是人类在设计这个世界时一直追求的目标。从具体的设计而言，创作出大众真正需求、社会切实需要的作品，是设计师的职责所在。优秀的设计是真、善、美的统一。人是一种爱幻想、善变、情感丰富而又敏感脆弱的动物，当人们的心理因社会和生活压力而疲惫不堪，心灵受到创伤及困扰时，总是希望能有一个舒适的环境可以释放压力和安抚情绪，所以人们希望生活于其中的人造环境能让人舒适，充满温情。人情化的城市景观艺术设计可以帮助人们实现梦想，帮助人们去关注美，去倾诉情感。

人喜欢追求一种无目的性的、不可预料的和无法准确测定的抒情价值和种种能引起诗意反应的物品，这意味着，在非物质社会中，设计产品正在迅速向艺术品靠近，两者的创作道路正在合拢。设计的艺术化和艺术的设计化是现代社会及未来社会发展的必然趋势，早在18世纪，"现代设计之父"威廉·莫里斯（William Morris，1834~1896年）① 就提出了"艺术与技术结合"的原则，引发了英国工艺美术运动，进而促成了包豪斯的诞生。设计应该被认为是一个技术和艺术的活动，而不只是一个科学的活动，设计在后工业社会中似乎可以变成过去各自单方面发展的科学技术和人文文化之间一个基本的和必要的链条或第三要素。

设计的人性化发展道路无疑是技术发展到一定程度的必然趋势，是对技术密集的生活领域的回避，是人类本性的回归，是精神生态设计的进一步扩充和丰满。美国未来学家奈斯比特（John Naisbitt）② 写道："无论何处都需要有补偿性的高情感。我们的社会里高技术越多，我们就越希望创造高情感的环境，用技术的软性一面来平衡硬性的一面。"③

艺术设计最根本的还是作品本身的人文内涵，如今的设计师可能过多地强调了形式的方面，而忽略了设计作品本身应透露出来的情感和意境。只有充满人情的作品才更能让人回味，让人感到一种深度，感觉到设计的这种人文精神。

青年设计师张剑④ 设计的城市中供小鸟栖居的公共艺术设施，体现了设计师对小动物充满温情的关爱和高尚的人道主义精神，可潜移默化地培养孩子们的爱心，使他们从小懂得人与自然的亲近，从物质和非物质上都树立了生态观点，这就是人情化设计（图3-4）。

图3-5、图3-6是Studio 4事务所为伦敦圣卢克精神病院设计的一座儿童治疗中心。新建的两层包括咨询室和治疗室等。它

①威廉·莫里斯，英国艺术家，现代设计的先驱，提倡设计服务于大众，代表作品《红屋》。

②奈斯比特，世界著名的未来学家，埃森哲评选的全球50位管理大师之一。主要代表著作《大趋势》，与威廉·怀特的《组织的人》、阿尔文·托夫勒的《未来的冲击》并称"能够准确把握时代发展脉搏"的三大巨著。《大趋势》一书目前在全球共销售了1400多万册。

③[美]约翰·奈斯比特. 大趋势——改变我们生活的十个方向. 中国社会科学出版社，1984. 47.

④南京艺术学院设计学院副教授，代表作品《风中的豆荚》、《天蓝水清》等。

的旁边是爱德华七世时代风格的建筑和花园，整个环境无形之中给病人营造出一种安全感。因为这里不像是一个医疗机构，更像是一个居民社区，给人以家的温暖。整个建筑设计为疗养人员提供了一种精神上的放松感，在一定程度上辅助了心理上的治疗。

美的事物具有对人的生理和心理的适应性，给人以亲和力，城市景观艺术给人的教育，是一种润物无声的情感教育过程，它作为人的一种生命本真的活动，不仅能改善人的物质生活环境，更能提高人的精神素质，协调人际关系，关注心理健康，它能深入公众生活，调节公众心态，引导公众文化，有"成教化，助人伦"的功能。在如今发达的科技和商品社会，要加强都市城市景观艺术设计的艺术化和人情化，使人们在日常都市生活环境中潜移默化地加强对美的感受和理解，以及人对自然、对自身的认识和反省。

图3-4

图3-5　图3-6

图3-4　公共艺术设施《都市鸟林》
图片来源／张剑. 都市鸟林. http://
www.dolcn.com/gallery/zhj03.html,
2003.1.19

图3-5　圣卢克精神病院儿童治疗
中心　1
图片来源／百度图片

图3-6　圣卢克精神病院儿童治疗
中心　2
图片来源／同上

在瑞典城市Malm，旅行者不会错过的一个景点是Lilla Torg广场上的巨型台灯。这座建成于2006年、高5.8米的台灯让行者好像置身于爱丽丝梦游仙境，设计最初是想给路人提供一个歇脚的地方，忘记繁忙的城市生活，即便只是几分钟。这样的设计，为城市增添了家的温暖，也为远道而来的行者送上了一份慰藉（图3-7）。

① 丹纳，法国史学家、美学家、文学评论家，实证主义的杰出代表。著有《拉封丹及其寓言》、《英国文学史》、《十九世纪法国哲学家研究》、《艺术哲学》等。

三、文化精神生态与设计的多样化

法国19世纪美学家丹纳（H.A.Taine，1828～1893年）① 在他的《艺术哲学》中从生存"环境"方面来确定审美活动的本质和历史发展。丹纳认为，种族、环境、时代对物质文明和精神文明起着决定性的影响。就像不同的植物只能在特定的自然环境中生存一样，艺术的风格和流派也是在相对的社会环境下形成的。艺术家在创作作品时必须要了解大众的需求和考虑社会的需要，否则就无法得到社会的认可。在丹纳看来，艺术家就像一粒种子，至于它是否能开花结果则完全取决于它所存在的环境，包括社会环境、自然环境以及大的精神氛围——"精神气候"。丹纳的艺术哲学呈现出整体论、系统论和有机论的特色，这和生态观在原则上是一致的。

图3-7 Lilla Torg广场上的巨型台灯
图片来源／百度图片

自然生态中的生物多样化隐喻了城市的历史文化、艺术风格的多样化。就像不同纬度应有不同种植物一样，不同城市因文化、历史不同，也应有不同风格的城市景观艺术。城市景观艺术应与城市的整个环境、历史、文脉对话，它不是一条独立存在的风景线，它的本质内涵中应传达出当地的人文精神、历史背景以及社会意识形态等信息，给市民提供一个彰显公共意志、维系都市情感、融汇多元文化、营造和谐民主的精神空间。而如今许多城市城市景观艺术设计风格趋一，盲目模仿、追赶潮流，人们走到哪里都感觉是在同一个城市，设计的风格和思路都大同小异，仿欧式的、仿中国古代风格的等，有些城市中还会出现好几种风格的同时存在，看起来很有设计美感，但这种美感恰恰是病态的，它让城市失去了原有的地方特色和人文精神，这是一种文化上的生态破坏现象。

城市景观艺术设计所处的社会环境中人们的价值观、审美观、哲学取向都会对环境设计产生很深远的影响。不同国家、地区和民族的环境观念差异很大，就是相同的国家、地区和民族，在不同时期里，城市景观艺术设计也呈现出很大的异质性，即使人类对外来的事物抱有无限的好奇心，外来之物也无不打上本民族本地区的烙印。这就要求设计师理解城市景观艺术设计的社会环境，尊重人类不同渊源的文化和历史文脉，提高城市景观艺术设计的认同感。"一个城市的历史文脉，就像一条穿越城市的历史轴线，它贯穿了整个城市的历史，体现了城市文化的积淀，是城市文明的结晶，也是人类历史的见证，更是一个城市无法再生的宝贵资源，理清城市的历史发展文脉在当代城市景观设计中显得极其重要。"[1]

社会在前进，时间像一条永不停息的河流，将人类文明一点点地沉积下来。城市景观艺术设计的成果也是一样，城市景观艺术设计的指导理论和评价标准，在农业时代是审美论，在工业时代是功能论，在后工业时代应该是生态论。目前我们正处在一个过渡时期，一个大转变的时期，度过这个时期，人类就可以期待进入一个更美好、更具有发展力的时代——生态学时代。城市景观艺术设计应该进一步加强对人文精神的研究，只有在理解了人类社会文化之后，才有可能使其作用得到大众的认同，才有更旺盛的生命力。城市景观艺术设计对人的尊重表现在设计的人文性、地方性的加强，所以设计师对心理学、社会学、哲学、宗教、美学等人文学科的研究和领悟都潜在地影响着设计作品的品质。

设计是为了生活、为了人内在的体验，设计师应成为一个内在者而融入当地人的生活，体验当地人的生活方式、生活习

①陆娟. 论当代中国城市景观设计的现状与出路. 艺术百家杂志，2007

惯以及当地人的价值观。只有本着"以人为本"的设计原则，深刻了解当地人心理和精神上的需求，才能创作出符合当地人生活的公共空间设计。另外，还要学会聆听源于当地人的生活和场所的故事，掘地三尺，阅读关于这块场地的自然及人文历史的实物文字，由此感悟地方精神：一种源于当地的自然过程及人文过程的内在力量，是设计形式背后的动力和原因，也是设计所应表达和体现的场所的本质属性。这样的设计是属于当地人的，属于当地人的生活的，属于当地文化精神生态系统的，从而体现出城市景观艺术设计的多样性。

城市景观艺术设计虽以物质主体需要的满足为前提，而不像纯艺术那样具有浓厚的个人情感，但一个优秀的城市景观艺术设计，还是以设计师对外部世界及设计本身的情感体验为基础的，因此不同的城市景观艺术设计师在长期的设计实践中，都会形成自己独特的个性化设计语言，它是设计师不同的设计风格，这在生态观上可理解为文化生态中不同的"艺术物种"，在文化生态系统中具有重要作用。

"和而不同"的观念早在中国古代就已经产生了，它可以说是典型的中国哲学智慧。"和而不同"较早出于《国语·郑语》："夫和实生物，同则不继。以他平他谓之和，故能丰长而物归之；若以同裨同，尽乃弃矣"；"以土与金木水火杂，以成百物"；"以和五味以调口，刚四支以卫体，和六律以聪耳，正七体以役心"；"声一无听，物一无文，味一无果，物一不讲"[1]。意思是说，多种元素相互配合、协调可以构成新的事物或达到更高级的层次。相反，如果只是噤若寒蝉，或者说只有一种元素反而由于空乏、单调，而无法达到理想的状态。也就是说，只有允许不同的事物和谐共存，才能形成绚丽多彩、繁荣向上的局面；否则便陷入单调、乏味乃至泯灭的境地。在古代，许多中国学者对"和而不同"的学术文化发展规律有着非常深刻的认识，作过不少精辟的论述。现实中，"和

①左丘明. 国语. 商务印书馆, 2005. 253.

而不同"就是在坚持原则的基础上，不强求一致，承认、包容乃至尊重差异的存在，以达到繁荣共生的效果。例如在景观凉亭的设计上，由于各区域的历史文脉不同，所呈现出的设计风格和设计造型也形态各异，体现了艺术设计的生态多样化(图3-8 ~ 图3-15)。

第二节　城市景观艺术与文化精神生态境界

一、艺术的精神治疗

艺术对于人类的精神健康在高层面上发挥着重要作用。早在远古时代，巫术、医术、艺术原本就是三位一体的。"巫师"，即那个时代见识最广、最有威信的人，通过咒语、歌舞的方式，对病人的精神、情绪、心理施加影响与暗示，从而达到医治病痛的效果。艺术可以对人的身心起到保健作用：一位精神病医生指导他的病人各自雕塑自己的头像，头像几经反复终于告成，病人的精神分裂症也就不治而愈。艺术作为疗法在其应用方式和治愈程度上都要远远超过艺术作为活动带来的有限效果。艺术治疗所具有的最大力量在于艺术本身所具有的治疗功效，这个力量不是源自心理分析的概念，也不是源自其他现有的心理治疗理论，而是源于艺术的本质。

城市景观艺术设计应充分利用生态学时代的契机，发挥城市景观艺术作品中艺术的精神功能，给冰冷的现实空间以人文思想的温暖，以坚实的内容来抵挡、消除精神空间里的"沙尘暴"，阻止人的内心荒漠化，重建人类的精神生态，这是精神生态设计的首要任务。中国古代的传统思想中，最讲求的就是精神性的东西，平衡，和谐，气韵，内在和参悟。中国古代哲人所宣扬的"天人合一"、"物我相忘"的思想反映了人与物质之间的辩证关系。人类的意识、情感、文化等精神因素，需

后页

图3-8	图3-11
图3-9	图3-12
图3-10	

图3-8　不同地域的凉亭设计之一
图片来源／百度图片

图3-9　不同地域的凉亭设计之二
图片来源／同上

图3-10　不同地域的凉亭设计之三
图片来源／同上

图3-11　不同地域的凉亭设计之四
图片来源／同上

图3-12　不同地域的凉亭设计之五
图片来源／同上

借助一定的物质形式来表达，作为人类生活方式载体的设计物必须承担一部分承载和表达人类精神的功能，这便是人类精神的"物化"。利用城市景观艺术形式，对城市现代化之初造成的住宅、交通工具和人际关系等紧张关系所导致的心理冲突、焦虑、烦躁等现象进行心理调试，已成为国际上许多著名城市问题专家和社会心理学家的共识。各国政府都在利用城市公共政策调试社会心理，解决城市生活的心理冲突，使人在审美情绪发生、发展过程中，建立高度和谐的心理调节机制。

清代画家石涛（1630～1724年）把对画理画法的认识提高到了宇宙观的高度，提出了"借笔墨写天地万物而陶泳乎我"的创造性见解，并且阐明了他的艺术主张："山川使予代山川而言也！山川脱胎于予也！予脱胎于山川也。搜尽奇峰打草稿也，山川与予神遇而迹化也，所以终归之于大涤也"[1]。在中国山水画中，人的自由心灵和感官可以得到直接把握，直到自我与绘画所再现的宇宙融为一体，达到一种"天人合一"的精神境界。山水画的主要灵感源泉是道家和佛家对现实的神秘主义概念，这些现实包括日常生活中的普通事物和事件，也包括更高级的有关外部世界的绝对精神概念，它们不能通过具体形式表达，而是通过"气"（生命的运动）得到表现。这种"气"可见于山水画的空白处和笔触展示的动感和活力中。

精神生态的境界在禅宗园林中体现得最为突出。日本京都龙安寺的庭院式园林中，只有高树矮墙下的一片铺满白沙、平如棋盘的开阔地，上面有15块形状各异的铁褐色石头，白沙被僧人用竹耙耙出旋转律动的纹路（图3-16）。石头、白沙和苔藓象征山、海和宇宙，白沙造出了一个道家、禅宗的"无"，"虚无"中生出了精神上的"万有"，与自然的作品融为一体，以一种宁静、幽雅的魅力，重新创造出一种向心灵深处言说的诗情，由此一个文化的心灵可以到达心灵的最高抽象层次。它是一个"格式塔"，一种具有心灵强力的"场所"，代

前页

	图3-13	
图3-14		图3-15

图3-13 不同地域的凉亭设计之六
图片来源／百度图片

图3-14 不同地域的凉亭设计之七
图片来源／同上

图3-15 不同地域的凉亭设计之八
图片来源／同上

[1] 石涛. 苦瓜和尚画语录.

图3-16 京都龙安寺的"枯山水"
图片来源／百度图片

图3-17	图3-18
图3-19	图3-20

表了终极事物的意义。这是一种人、自然、艺术、精神的有机整合，是精神在天地间的诗意蕴藉。

"枯山水"的设计手法在当代设计中经常被运用，从中似乎可看到一种静、虚、空灵的境界，深深感受东方式的精神生态（图3-17～图3-20）。在日本东京加拿大大使馆内庭中的日本庭园一角，细长的沙石铺地的空间，表现出一种宁静、细腻的传统风情（图3-21）。

在超高层文化设施、大型会议中心中，冰冷的水泥和泛着冷光的现代化玻璃建筑填满了现代的城市空间，城市中心的人们有来自工作、生活、健康等各方面的压力，身体和心灵的负荷严重超载，于是对大自然清新的渴望就更加迫切。"枯山水"设计手法中丰满、柔润的自然石不仅带给人们母亲般的温暖，引人回想起儿时的欢笑，还能引导人进入一种超脱的精神境界，使人与天地神灵沟通，悟出宇宙深处隐藏的奥秘，使人的精神处于一种无限开放、豁朗澄明的境界之中，是一种典型

图3-17 "枯山水"手法在当代设计中的运用之一
图片来源／百度图片

图3-18 "枯山水"手法在当代设计中的运用之二
图片来源／同上

图3-19 "枯山水"手法在当代设计中的运用之三
图片来源／同上

图3-20 "枯山水"手法在当代设计中的运用之四
图片来源／同上

的精神生态境界（图3-22，图3-23）。

二、文化精神"生态场"

　　瑞士心理学家卡尔·古斯塔夫·荣格（Carl G. Jung，1875～1961年）[①] 曾把支配人的高级活动行为的能量称为"心灵能"："心灵能来自于人所经历的生活经验，犹如食物被生理性的身体消化，转换生成为物理性的或者生命的能量，人的生活经验也同样被心灵'消化'，转换生成心灵的能量，其表现为奋斗、憧憬和向往。"人类文化生态系统之间交流和传递

[①]荣格，瑞士心理学家和精神分析医师，分析心理学的创立者，强调人的精神要有崇高的抱负，反对弗洛伊德的自然主义倾向。

图3-21　东京加拿大大使馆内庭中的日本庭园一角
图片来源／张俊华　屈德印. 90年代日本环境设计50例. 郑州：河南科学技术出版社，1999. 75

图3-22　"枯山水"设计手法中的自然石之一
图片来源／永辉　鸿年. 公共艺术. 北京：中国建筑工业出版社，2002. 36

图3-23　"枯山水"设计手法中的自然石之二
图片来源／百度图片

图3-21	图3-22
图3-23	

的能量，最具魅力的便是审美和艺术信息。其中设计者是"信息源"，是艺术信息的创造、处理和加工者；艺术环境的使用者和欣赏者则是艺术信息的"接收者"；设计评论者则是"分解者"。这种信息在艺术设计者和使用者、欣赏者及评论者之间传递的过程形成了一个开放的艺术生态系统。

艺术信息并不是被被动地接受，它最初以类似商品的形式出现在人们的面前，接受者不但有目的性和选择性，同时也有不确定性，接受者会根据自己不同的心理定势对艺术信息进行加工再融入自己的心灵。艺术作品为人服务的过程，就是为人所认识和接受的过程。公众在体验城市景观艺术时，处于主动地位的人与环境相互作用，是审美反应的来源，这种反应随个人的生理、人格、社会和文化经验、目标、期望、联想、内在构成和环境角色而变化。设计人员与公众对景观的喜好存在相当大的差异，这种差异主要来源于不同种类人群的生活经历、文化水平、社会背景等因素的影响。因此在设计中，必须提倡公共参与，必须对公众的情感反应和审美期待，包括其偏爱进行研究，随时矫正、调节自己的设计形式和内容，设计的品质正是体现在这种精微的调节上。从现代设计发展史来看，从现代设计先驱威廉·莫里斯开始，便以为大众而设计作为自己的职责。莫里斯认为真正的艺术必须是"为人民所创造的，又为人民服务的，对于创造者和使用者来说都是一种乐趣"①。他还提倡为广大民众服务的设计方式，基于艺术为人民大众服务的思想，第一个具有里程碑意义的现代设计运动——工艺美术运动开始了，从此，设计一直以大众为最主要的服务对象，为社会大众服务也就成为设计师最基本的社会责任。同时，艺术设计评论者也应坚持城市景观艺术设计正确的舆论导向，提供能促进艺术设计健康发展的环境。

美是推动社会精神文明发展的能量，是人的本质力量在

①尼古拉斯·佩夫斯纳. 现代设计的先驱者——从威廉·莫里斯到格罗皮乌斯. 中国建筑工业出版社，1987

对象中的形象体现，美育的程度是社会文明的一个显著标志。鲁迅先生曾说过，"美伟强力"的艺术力量，足以达到"美善吾人之性情，崇大吾人之思想的目的"。五四运动时期蔡元培先生提出了"以美育代宗教"的命题，认为"美育者，应用美学之理论于教育，以陶冶感情为目的也[①]。"可见，美育是审美与教育交织的成果，它的本质特征就是情感性。历史背景、社会文化的不同致使不同时代有不同的审美标准，因而美育具有一定的功利性，它受到不同时代伦理道德观念的制约，又由于美育的本质属性是情感性，而美感又是超功利的、内在的，因此美育的最终价值还是指导大众走向真、善、美的境界。它所要培养的审美意识及其倡导的审美的人生境界，是不同时代、不同地域的人们共同追求的最高理想。从这个意义上来说，美育既通向人类历史文化的最大纵深，又与人类社会的发展息息相关，它是不同时代、不同文化背景的人们之间进行沟通的纽带。因此，美育程度的提高与否，不仅关系着一个民族的未来的发展，还关系着整个人类社会的生活质量。王小波曾经说过："工业社会不会造成环境问题，农业社会也不会造成环境问题，环境问题是人造成的。知识分子悲天悯人的哀号解决不了环境问题，开大会、大游行、全民总动员也解决不了这问题。只要知道一件事就可以解决环境问题：人不能只管糟蹋不管收拾。收拾一下环境就好了，在其中生活也能像个体面人。"[②]

北京西客站南广场环境雕塑《国风》（图3-24），采用中华民族"龙"的图腾形象作为设计造型的依据，用三条龙组成蒸蒸日上的球形，象征民族精神和图腾，不仅关照了整体环境中人的心理精神生态平衡，题材内容更是体现了中国艺术精华中的壮丽、恢弘、韵致、意趣、精严、典雅和充满气势力度的东方神采，浸透着生命律动的装饰性意蕴，使人在观赏中领略到民族文化精神之追求，创造民族文化精神生态环境。

①蔡元培. 蔡元培美学文选. 北京大学出版社, 1983. 174

②王小波. 我的精神家园. 北京理工大学出版社, 2009. 175

图3-24　北京西客站南广场环境雕塑《国风》
图片来源／百度图片

解决文化上的精神生态危机，城市景观艺术设计就要本着"以人为本"的设计理念，创造出人性的精神空间，同时还要加强环境艺术设计的艺术化、人情化和多样化，以达到艺术对人的文化精神生态失衡的治疗和人、自然、艺术、精神有机整合的高度精神生态境界。艺术的美育功能影响着大众的价值观念，推动着历史的发展。

第三节　余　论

在我们赋予环境艺术设计以精神生态观念时，不能孤立地割裂其自然生态和精神生态之间的关系，二者是相互交融的。尤其在传统的东方哲学中，物质世界与精神世界不是分离的，而是同一个统一体中的两个面，物理的东西和审美的东西之间似乎有一条轻松顺畅的通道，一个创造性的心灵可以在其中的各个不同方向上进退自如。每一个优秀的环境艺术设计都应做到贯穿自然—精神的双重生态优化。

在设计实例中，日本的东京蒲公英之家环境艺术设计是典型的自然生态和精神生态相结合的设计。这座墙上开满蒲公英的住宅是东京大学建筑历史教授藤森照信[①] 设计的自邸。蒲公英之家的住宅主体为正方体，屋顶的四面坡在空中收束，形成山形，使建筑"像从大地上生长出来一般"，把根扎在大地上（图3-25）。蒲公英呈带状种植在墙壁及屋顶上。在钢筋混凝土结构上固定着石饰面板以及放置土壤的钢构架，为了解决土壤排水、通风及减轻结构自重，特地选用了穿孔金属板材，体现了"高科技"和"高情感"的结合（图3-26，图3-27）。外墙面的石饰面板色彩呈现中性灰的明度、纯度，色域中不失多种颜色的丰富变化，在视觉上达到对比统一的和谐色彩效果，使人心理上平静祥和。当种植的蒲公英开花的时候，黄色点缀着自然色的墙面，当结籽

①藤森照信，日本建筑史家、建筑家，日本工学院大学教授、东京大学名誉教授，作品有《神长官守矢史料馆》、《一夜亭》、《入川亭·忘茶舟》等。

的时候，住宅白绒绒一片银色。不同墙面开花的时间差别不
一，使人感受到不同的季节，不同的自然花色。住在其中可
观春华秋实，体验春生、夏长、秋收、冬藏的乐趣；其简朴
高雅的品位可怡情悦性、格物致知，使人在自然四季体验中
充实精神。它在自然—精神生态优化方面作了有效的设计尝
试，具象且抽象地体现了生态设计的精髓——人、自然、艺
术、精神的有机整合，天地间的诗意栖居。

　　新的时代应该追求的是人与自然的平衡、物质和精神的平
衡、经济与文化的平衡、技术与情感的平衡。城市景观艺术设
计应面向这样一个新的生态学时代，加强精神生态价值观，强

图3-25　图3-27
图3-26

图3-25　外观
图片来源／东京蒲公英之家，日本.
世界建筑, 2001, 130（4）. 40-45

图3-26　屋顶构造
图片来源／同上

图3-27　种植蒲公英的墙面
图片来源／同上

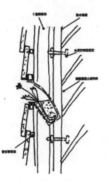

化生态伦理，使精神生态与自然生态同样和谐，引导人去追求一种真善美的人生境界，获得一种诗意的都市栖居，真正实现城市景观艺术设计对人的终极关怀。

第四章
城市景观艺术
与精神生态变异

　　一些知名的艺术家们大都有些"灵感狂迷"，作品就是自己的另一半，所以每当灵感涌现就会激发情绪性的活动，这种强烈的激发常常失控，造成心理变态或精神失常。在弗洛伊德的理论中，提到这种失常会激发潜意识或无意识，从而使他们创造出独特罕见的作品。

——鲁枢元《生态文艺学》

　　城市景观艺术呈现着"公共领域"所带来的"公共性"，也就是说城市景观艺术的发展得益于社会制度下的民主、平等、开放，以及舆论与公众的参与性。它是城市与人、环境与人、人与人交流的物质载体，要适应时代、空间、环境与人的需求，无论宏观还是微观，它都不是任何设计的附属品，而是城市发展中的重要角色，在美化城市、反映时代的同时更是对社会公众的关怀。创作者和市民观众精神生态的变异加速了城市景观艺术的多元化发展方向，设计师需要从更多的维度去探索符合社会发展和人们需求的艺术设计作品。"变态"设计——精神生态变异的设计，以更加真实、本真的面貌在探求艺术与生活、艺术与生态真正价值关系的过程中展示了其独特的魅力。

第一节　精神生态变异的设计
——"变态"设计

一、"变态"无处不在

　　我们会经常发现如此身心健康的自己也会常常"变态"。在夏天里，我们总是会因为蚊子叮咬而心烦意乱，暴跳如雷；在压抑的环境待久了，会找一个无人的地方或是海边，疯狂呐喊；听着忧郁的歌曲，无故泪流满面……相对于常态来说，这都是"变态"的表现。然则我们依然能够迅速回归面具下的自己，以彰显我们与精神病院里的人们有本质上的区别。

　　美国哲学家、精神分析心理学家弗洛姆（Erich Fromm，1900～1980年）[1] 在他的访谈中曾经说到："最正常的人也就是病得最厉害的人，而病得最厉害的人也就是最健康的人。听起来这话显得有些过分和诙谐，其实不然，我说这话是很认真的，不是开玩笑。在病人身上，我们能看到某种属于人性的

①弗洛姆，美籍德国犹太人，20世纪著名的心理学家和哲学家，是精神分析的社会文化学派中对现代人的精神生活影响最大的人物。

东西尚没有被压抑到无法与诸种文化模式相对立的程度，只不过是产生了患病的症状……但是许多正常的人只知道适应外界的需要，身上连一点自己的东西都没有，异化到变成了一件工具、一个机器人的程度，以至于感觉不到任何对立了，他们真正的感情、爱、恨都因为被压抑而枯萎了。这些人看起来像是患有轻微的慢性精神分裂症。"

"变态"，顾名思义，就是与常态相对立。有些人总是喜欢做一些让人觉得不可思议的事情，他们可能是某些领域的天才和领军人物，我们觊觎他们的聪明才智，可能就会以"变态"作为一种代名词；有些人则喜欢做一些令人发指的事情，他们似乎并不在意外界的评价，甚至有些享受着为此而投来的关注，我们同样会称其为"变态"。变态的心理就像字面上理解的一样，无法琢磨也不可预料，但是我们可以从科学的角度入手，去深入了解这种特殊的心理活动对于设计师的重要意义。从变态心理学与精神分析学中，我们可以对"变态"窥探一二。

"变态"是心理学的名词，瑞士心理学家荣格在他的集体无意识理论中将主要研究内容的原型的表现形式分为四种，即人格面具、阿尼玛、阿尼姆斯和阴影。人格面具用来粉饰自己得到社会认可，阿尼玛和阿尼姆斯代表男人和女人身上的双性特征，而阴影就是潜藏在人类心灵中的种族遗传，充满了黑暗、邪恶、欲望和冲动，"变态"即存在于阴影中，只是由于我们长期演变而来的人性和理性（即人格面具）将那些丑陋和变态的人格压制在了精神展露的最底层，只有当我们热血沸腾或压抑痛苦时，潜意识中的阴影被激发出来，才会表现出另类的举动，所以每一个正常人都有不同程度的精神变态，只是在我们的生命面具下，"变态"较之于常态所占的比例甚小而已。而事实上，在这个瞬息万变的世界，不正常的人多了，正常的人反而成为了无法融于社会变态的一部分。

变态心理学（abnormal psychology），又称病理心理学，是心理学的一个分支学科，是借助心理学原理和方法来研究和揭示心理异常现象发生、发展和变化规律的一门科学，它主要研究人的心理过程障碍与人格障碍，不仅对异常心理现象加以描述、分类和解释，还要阐明其发生的原因和机制，以便更好地理解、预测和控制人的行为。传统上我们把人的心理机能划分为认知、情感、意志行为等方面，"变态"也可以说是这些心理机能的缺损，它通过不正常的机能性活动表现出来，可以从外部予以观察，这种异常的机能性活动就是"变态"行为的症状表现。

现当代对于变态心理学的研究大多针对于实际病人病态的心理研究，在与变态性设计的连接中虽有一定的借鉴意义，但是还需要心理学的其他学科进行理论系统的分析，如设计心理学、审美心理学中的格式塔心理学（又名完形心理学）对于"变态"设计就有很强的参考价值，同样具有借鉴意义的还有认知心理学、心理分析学、行为主义学、信息论学、人本心理学等。

在常态人格与变态人格之间，并没有一道不可逾越的鸿沟。对变态人格的研究开始于近代，它产生于精神病学的研究。公元5～17世纪，心理异常被看成是魔鬼附身。之后研究的发展，诱发了对变态人格研究的理论兴趣。近年来，这一领域的研究成果表明，变态只是对常态的偏离，绝大多数人在不同的时间和场合，都会产生某种程度不同的变态心理，而正常与异常心理活动之间又有持续的互相转化。变态心理学是研究异常心理的基本性质和特点，研究个体心理差异以及生存环境对异常心理发生、发展的影响。而在对变态心理学与设计之间的联系进行研究的同时，对于精神分析学等其他心理学科的渗入会为设计师进行"变态"设计提供更加充分的设计构思。

精神分析理论属于心理动力学理论，是奥地利精神科医生弗洛伊德（Sigmund Freud，1856～1939年）①于19世纪末20世

①弗洛伊德，犹太人，奥地利精神病医生及精神分析学家，精神分析学派的创始人。他认为被压抑的欲望绝大部分是属于性的，性的扰乱是精神病的根本原因。著有《性学三论》、《梦的释义》、《图腾与禁忌》、《日常生活的心理病理学》、《精神分析引论》和《精神分析引论新编》等。

纪初创立。所谓精神层次，即意识、潜意识和无意识三个层次，好像深浅不同的地壳层次。精神分析理论将人的心理比成大海中的冰山，海面上可以看到的是意识部分，在海面下看不到的还有大部分，相当于人的无意识。它有以下几种基本理论：精神层次理论、人格结构理论、性本能理论、释梦理论、心理防御机制理论等。

精神分析学主要研究两个方面：1.潜意识，它是一种与理性相对立存在的本能，是人类固有的一种动力，潜意识在弗洛伊德的精神分析心理学中翻译为"无意识"。在精神分析看来，无意识不只是察觉不到或不在意识之中的意思，而且还是心理的基础部分与底层，包括个人的原始冲动和各种本能，以及出生后和本能有关的欲望。这些冲动和欲望，不容于社会的风俗、习惯、道德、法律而被压抑或排斥在意识之外，而进入无意识领域。弗洛伊德指出，人类的所有行为都源于无意识的动机和欲望。这种潜意识虽然看不见摸不着，却一直在不知不觉中控制着人类的言语行动，而在适当的条件下，这种潜意识可以升华为人类文明的原始动力。2.力比多，即性力。这里的性不是指生殖意义上的性，"力比多"（libido），泛指一切身体器官的快感，包括性倒错者和儿童的性生活。精神分析学认为，力比多是一种本能，是一种力量，是人的心理现象发生的驱动力。力比多在弗洛伊德的著作中常用以指心理能，尤其是性本能的能。弗洛伊德认为，人的行为都有它的动机，动机决定人的行为，而动机是心理的，主要是由力比多心理能的性本能所驱动、所支配。精神分析学实际上是对变态心理学的否定，精神分析学指出人的心理变态不只是生理上出现障碍，心理内在的冲突矛盾也可以导致变态。

怎样才是"变态"的设计，我们不能给它划一个死圈，但是我们可以区分出常态与变态，在设计作品中也是一样的道理。我们对于熟悉的事物都会有一定的心理评判标准，也

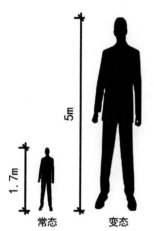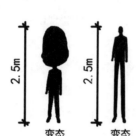

图4-1　常态与变态

可以称其为参照物，当事物的形态超出我们的既定标准和预期，也就是我们常说的变态（图4-1）。我们以一个1.7m高的正常人为参照物，把其放大三倍，我们会得到"变态"的巨人，放大头部或拉长腿部，得到的都是非常态的形体。

　　"变态"设计的解释可以从两个角度来看。一，即改变常态而进行的设计，又或者可以说成是利用人们的变态心理而进行的设计。二，即在精神变态的状态下进行的设计创作。无论哪一种解释下的设计都摒弃了人类最原始的模仿与参考本能，从而去找寻符合自我愉悦感的新的设计。二者唯一不同的体现是设计意志的主、客观导向，变态状态的设计甚至于达到一种无意识创作，我们可以称其为神经质创作或癫狂的设计。这些"变态"的设计通常都不是循规蹈矩的，而是打破传统设计美学的形式美法则，将那些蹩脚的规范抛弃在设计之外，然而其不拘的形式下却强烈地体现着设计美学的几个重要原则，即功能美、造型美、结构美、材料美、色彩美以及形式美等。

　　设计师处理的是物理空间，而关注的却是受众的心理空间。一个好的设计，必然能够使受众产生心理的共鸣。随着现当代社会经济、技术的飞速发展，人们的审美需求与日俱增，审美心理年龄日益年轻化，前卫设计、先锋设计便成为了新世纪的宠儿。设计师们纷纷顺从时代的选择，在进行创作的过程中，开始对设计心理学进行更加深入的研究。而在对设计心理学充分研究后，符合人们心理需求的设计作品日益泛滥。好的设计看起来不一定有多符合设计规则和定律，因为设计本身就是一种随性和自由，引起读者共鸣才是设计师应该去探索的。

这就要求设计师们进行改变，将以往的常态设计进行非常态的置换以在众多设计作品中脱颖而出，集中和转移外部刺激。

二、"变态"设计的心理学根基

心理学与艺术学的结合有着悠久的历史，在东西方古代先贤们的著作中，有许多的论说都涉及艺术与人类心理之间的微妙关系。之后，随着心理学学科的独立和发展，心理学的理论与实验方法被移植到艺术学中，开启了实验心理美学的新篇章。随之一大批有关心理学与艺术（包括设计艺术）的著作相继问世，精神分析学派、格式塔心理学、人本主义心理学、认知心理学等心理学流派为分析设计艺术的过程与成果带来了新的视角，如西方的理论代表阿洛瓦·里格尔·阿恩海姆、E. H. 贡布里希（sir E. H. Gombrich，1909~2001年）[1] 等都曾发表过相关的著作。又如赫伯特·A·西蒙（Herbert Simon，1916~2001年）[2] 着眼于主体思维活动，认为设计可以作为一门"人机科学的心理学"，将设计当作"问题求解"的思维心理学。从设计思维的角度进行分析研究的美国认知心理学家唐纳德·A·诺曼（Donald Arthur Norman）[3] 是最早提出"物品的外观应为用户提供正确操作所需的关键线索"的学者之一，他认为关于日用品设计的原则创建了一个心理学的分支——研究人和物互相作用方式的心理学，"这是一门研究物品预设用途的学问，预设用途是指人们认为具有的性能及实际上的性能，主要是指那些决定物品可以作何用途的基本性能……"[4] 从使用的角度进行心理分析，如诺曼门、诺曼把手就是很好的设计案例。

国内学者对于设计心理学的定义包含以下几个层面：首先，"设计心理学是工业设计与消费心理学交叉的一门边缘学科，是应用心理学的分支，它是研究设计与消费者心理匹配的专题。设计心理学是专门研究在工业设计活动中，如何把握消

①贡布里希，艺术史、艺术心理学和艺术哲学领域的大师级人物，著有《艺术与人文科学》、《艺术与错觉》等。

②西蒙，著名经济学家、心理学家，诺贝尔经济学奖获得者。

③诺曼，美国认知心理学家、计算机工程师、工业设计家，认知科学学会的发起人之一，关注人类社会学、行为学的研究，代表作有《设计心理学》、《情感化设计》等。

④付昊. 基于设计心理学的产品设计研究. 武汉理工大学出版社，2007.

费者心理、遵循消费行为规律、设计适销对路的产品、最终提升消费者满意度的一门学科"①；其次，"设计心理学属于应用心理学范畴，是应用心理学的理论、方法和研究成果，解决设计艺术领域与人的'行为'和'意识'有关的设计研究问题"②；此外，一些论文、著作也提及了设计心理学概念，如高岑的《心理学视角的设计艺术》、李彬彬的《设计心理学》、赵江洪的《设计心理学》、柳沙的《设计艺术心理学》等。而在城市景观设计的研究中，将城市景观设计与心理学联系起来进行剖析的相对较少，相关论文仅有如郭媛媛的《论城市公共艺术的心理学特征分析》、高泠的《城市公共空间艺术设计的情感体验》等。

虽然国内外对这种非理性的前卫设计以及设计心理学有许多研究案例，但是却忽略了对受众与设计师的"变态"心理活动的细致剖析。我们认为，在科学分析的基础上利用变态心理学与设计心理学、精神分析学对非理性设计进行研究对于设计界有着同样的重要性和现实意义。

三、前卫设计

我们通常称谓的先锋设计、前卫设计或者非理性设计很大程度上来说即是一种"变态"设计。前卫（avant-garde）是一个法语词，形容艺术家具有超过同时代的认知和设计理念。西方理论将"前卫"这一军事术语用于艺术，是主张艺术家应同战士一样，在社会政治中扮演冲锋陷阵的重要角色。审美前卫追求"为艺术而艺术"，由法国诗人波德莱尔（Charles Pierre Baudelaire，1821～1867年）③在19世纪中首先倡导，并在此后成为20世纪40年代前"正统前卫"运动的主要推动力。美学前卫的主导思想是反艺术和反传统，在20世纪70年代西方对现代主义的一片声讨中已经死亡，现在我们形容的前卫设计主要是指有别于正统的设计美学。

①李彬彬. 设计心理学. 轻工业出版社，2007.

②赵江洪. 设计心理学. 北京理工大学出版社，2010.

③波德莱尔，法国19世纪最著名的现代派诗人，象征派诗歌先驱，代表作有《恶之花》。波德莱尔是法国象征派诗歌的先驱，在欧美诗坛具有重要地位，其作品《恶之花》是19世纪最具影响力的诗集之一。

西方学者对于这种设计的研究已经有了许多的实验案例，建筑史上最前卫、最疯狂的西班牙建筑艺术家高迪（Antonio Gaudii Cornet，1852～1926年）^①，性格孤僻，终身未娶，据说是因为他"为避免陷于失望，不应受幻觉的诱惑"。其代表作古埃尔公园、米拉公寓、圣家族大教堂等无不给人以震撼。再如，美国建筑师赫南·迪亚兹·阿隆索，以生物形态的形式，融合了超自然的有机特色，专注于异态变异的建筑设计实验，设计了大量可供研究的"变态"设计作品，如斯德哥尔摩图书馆设计、梅笙·塞若西馆、釜山大都会（韩国）、圣克雷血艺术酒店等，是典型的非理性设计的代表。又如意大利的一些激进设计团队"阿基米亚"、"阿基佐姆"、"孟菲斯"等，他们反对一切固有观念，树立了一种新的产品设计内涵，即产品是一种自觉的信息载体，在设计风格上则表现出各种极富个性的情趣、天真、滑稽、怪诞和离奇等非理性设计特点。

国内对于"变态"设计的研究起步较晚，直到20世纪30年代，"先锋"这个词才出现在中国的文化领域。随着设计在中国的普遍发展，很多设计师大胆地采用各种表现手法，而通常他们的作品会被看作是颠覆、质疑、否定、困惑、置换、破坏、戏谑、反讽、调侃、批判、消解、拼贴的代名词……而正是这些特质培养了一批独特的非理性设计师：时尚建筑设计师庞嵚，将传统建筑工程设计与数字技术相结合，设计出了许多造型独特的建筑物，并成为各地的标志性建筑；著名的先锋设计师石川，大胆地开拓思维，其设计作品《狗狗便便喷》、《酷玩手机》等都在国内外引起了很大的反响，被授予了"先锋设计师"的称号；时装设计师张弛，作品尽显摇滚乐派的奇异与颓废，气质独特，大胆而略带叛逆，以新奇的剪裁加入花边、烫钻、绣珠、毛皮等华丽的装饰，形成了独特的迷幻魔力风格；多次赢得红点奖、红星奖的工业造型设计团队——洛可可设计公司以其赋予产品

①高迪，西班牙建筑师，主要作品有古埃尔公园、巴特罗公寓、圣家族教堂等。

灵魂的前卫设计赢得了国内外的认可。

四、"神经质创作"

正如我们之前在"变态"设计的定义中谈及的，"变态"设计的另一种解释即在"变态"的状态下进行的设计。在许多艺术设计作品中，体现出的是创作的癫狂状态。癫狂是人类创作活动中一种反常的非自觉的精神现象，是一时的如痴如狂，它不是真痴真狂，也异于精神病人无理智的病态——根本的不同是艺术家或设计师能够从"变态"中返回常态，而精神病人是做不到的。针对杰出人物进行调查，政治家、科学家、运动员及商场大亨中仅有5%的人曾在童年或青少年时期有精神疾病发作，而在艺术家和音乐家中则有30%，他们中的60%有过精神疾病的全面发作，表现为精神失常。这些艺术家将我们所说的癫狂称之为"创作痴迷"，在痴迷的状态下精神欢快，思如泉涌，身心敏感，同时伴随着恐惧、焦虑、多疑、好动、易怒、冲动、性欲过度、思想浮夸、言语挑衅、消费、服药、酗酒的过度等消极情绪，在这种状态下的创作，我们称之为"神经质创作"。

在现当代的年轻设计师中涌现出了许多有自己独特设计理念的设计师。如本土设计的代表人物澳大利亚首席设计师菲利普·考克斯[1]，强调民族文化的重要性、建筑的本土化、结构与形式的有机结合、光与影在建筑中的重要作用、对环境的保护以及对建筑材料的选择。英国建筑师特里·法雷尔[2]，是都市主义的代表，强调城市文脉、历史及本身特色等都是建筑设计的关键因素。当今最为活跃、最具影响力的世界建筑大师之一——安藤忠雄（Tadao Ando）[3]，创造性地融合了东西方美学与建筑理论，以人为本，提出"情感本位空间"的概念，注重人、建筑、自然的内在联系等。这些设计师的作品与理念已经融入了这个时代，成为了镶嵌在这个时期的代表人物和代表作。还有

[1]菲利普·考克斯，澳大利亚的首席设计师，与其合伙人以创新、环保和人文三大特色在世界建筑领域独占一席。

[2]特里·法雷尔，城市规划和建筑设计大师，其都市主义理论——城市的文脉、历史及本身特色等都是建筑设计的关键因素——在建筑界和城市规划界独树一帜，并产生了广泛的影响。

[3]安藤忠雄，日本著名建筑师，普利策奖获得者，当今最为活跃、最具影响力的世界建筑大师之一。

一些设计师，他们执著于异态变异，认为畸形是新的性欲，他们通过对设计的新的诠释最终开启了异形变态在当前社会的永久性大门。

图4-2　卫生间里的纸抽

设计师通常善于观察和联想，相比于简单的观察生活和二维的联想，那些执著于"变态"设计领域的设计师则更青睐于视线以外那些大家不会甚至不愿去观察的细微以及多维的联想，即联想后的无限联想（图4-2）。

所有的设计作品的魅力都与设计师个人的独特视角密不可分，它带来每个人的独特的体验和完全个人化而又充满情感智慧和生命启迪的形态表达。这种价值的原创性来源于设计师对生活理想的重构，对社会责任的承担，对梦想的渴望以及冲动——这种冲动带来的是非理性的艺术，是将自己角色倒置后的再创作。他们以最独特、最个人化的方式将生命和灵魂赋予作为媒介的材料，而这种个人化被接受的前提即是讲述者与聆听者身份的融合。

"变态"设计中的变态，并不是单纯的对病态的心理进行研究，而是将现代人普遍的精神"变态"心理研究融入设计中，无论是汲取利用还是重现反讽，对于设计来说都是无可厚非的。"变态"设计作为一种非理性的设计同样需要一些理性的研究方法。按逻辑分析可以得出这样的等式："变态"设计="变态"的题材+"变态"的设计方法。题材与方法两者同时存在或有一项存在都可以得出"变态"设计作品。

第二节　基于艺术家"变态"心理的城市景观设计

一、艺术家"变态"心理的源泉

从出生开始，大多数人被灌输的人生观、世界观和价值观大体相同，在自家屋里裸体很正常，在大街上裸体就是反常的，不只会被围观，更会见诸网络和新闻，然而在裸奔还被视为怪异之举的时代，裸只是为了吸引更多人的注意，有些图名利，有些是在用另外一种方式抗议或表达。设计就是竞争注意力的行为，或者针对人们的反常心理进行异形"变态"，或者是通过夸张、特异形式来吸引人们的注意。无法引起人们注意的作品，设计的意义也将随之消失，而"变态"设计只不过是设计师利用另外一种引人注目的方式而已。这是对设计的一种变革，也是对于设计的一种突破，这种改变了常态以后的异形"变态"设计势必需要设计师们对相应的变态心理学等交叉学科进行系统性的研究，以使其设计作品能够最大化地实现设计价值。

许多艺术家与设计师都有一个共同的信仰，那就是让自己的人生变得有价值，当生命走向终结的时候，回想一生，无憾无悔。也正是因为如此，在探索价值实现的时候，他们将自己置身于一个宏观世界中，在世俗的外围去纵观整个人类世界，他们所得到的、看到的、想到的是用心灵去触碰的。

一些知名的艺术家们大都有些"灵感狂迷"，作品就是自己的另一半，所以每当灵感涌现就会激发异常举动，这种强烈的激发常常失控，造成心理变态或精神失常。在弗洛伊德看来，这种失常会激发潜意识或无意识，从而使他们创造出独特罕见的作品。我们都说正常人也时有变态，可是这种癫狂占据了生活中的大部分，耗尽艺术家们的身体防线，最后如流星般陨落。像舒曼（Robert Schumann，1810~1856年）、梵·高（Vincent Willem van Gogh，1853~1890年）、尼采（Friedrich Wilhelm Nietzsche，1844~1900年）都悲惨地死去，天地间却永远留下了由他们的精神汇结而成的艺术品。对于艺术家，这是幸还是不幸？

想象一下，如果让一群精神病来进行创作，街道上也许是另一番风景。其实所谓的正常真的就那么正常么？倒退几百年，如果有一个人和大家说可以用一个小小的芯片和世界上任何一个地方的人通话，甚至面对面聊天，他一定会被当成疯子或者怪物送进精神病院。然而几百年后的今天，电子技术的高速发展已经没有什么稀奇，但是精神病院里却永远不乏疯子，所以，适当地听听他们的说法可以让我们换个角度去看世界。在《天才在左　疯子在右》一书中有一个精神病患者，说他生活的现实世界是一部小说，出现在他身边的人都是他小说里所创造出来的人物[①]，听上去荒唐，可是对于世界、宇宙知之甚少的我们谁又能十分肯定地说出一个准确的答案，也许我们这个世界，就是某个时空的生物所写的小说也说不定呢！他们可能是先知也可能是疯子，但是不论是什么样的身份，他们给我们的启示远不止这些。在这里我们仅用《天才在左　疯子在右》书中的精神病案例作简短的启示分析。

1. 不同角度

"横看成岭侧成峰，远近高低各不同"。由于世界观、人生观、价值观的不同，每个人都有自己看待事物的角度。拿出一部手机，技术人员看到的是系统、程序，商人看到的是品牌、利润，孩子看到的是音乐、游戏，老人看到的是手机另一端的子女。我们每个人所惯用和格式化的思考模型，是长期的思维实践形成的，当面临实际问题的时候，我们往往会习惯性地将解决问题的思路纳入已经形成的特定的思维框架中运行，以试图解决问题，而这就是思维定势。思维定势给了我们快速解决问题的办法，但是也有其弊端，那就是当我们面临与以往不同的新情况或新问题时，思维定势会成为新观念与新思路的阻碍。书中的一个病人在对儿童的观察研究中受到启发，她说很多成人用儿童的口吻去与儿童交流，诸如出门对孩子说天空很蓝，空气很新鲜，而真正吸引儿童的是距离地面更近的地上的虫子、积水的倒影。看到超市内牛肉干包装上的牛的卡通形象举着牛肉，儿童会认为牛很勇敢[②]。她试着学习用儿童的角

①高铭. 天才在左　疯子在右. 武汉大学出版社. 36.

②高铭. 天才在左　疯子在右. 武汉大学出版社. 59-64.

度去观察习惯以外的新鲜世界，一个整天活成孩子的成人难免被送到精神病院，但是换个角度来看，她只是观察敏锐且善于思考研究，终究还是角度问题。学会从不同的角度审视问题，会得到意想不到的答案。生活是如此，艺术亦是如此。

2. 质疑一切

习惯了一如既往的生活，我们就慢慢失去了质疑的能力，而往往质疑才是推动社会发展的原动力。其实许多时候，精神病只不过怀揣了更多的疑问，只不过比我们更加固执地想去揭开疑问。在《进化惯性》章节中讲述了一个病人的质疑，他对于我们的上班、工作、跟同事吃饭聊天打情骂俏、下班、赶路、约会、回家或者去酒吧的日常生活行为习惯提出质疑，为什么？是的，这个问题可能我们有时也会问自己，因为大家都是如此，因为我们原始的生活惯性（荣格称之为集体无意识），但是问题过后，我们依旧日复一日。而精神病与我们的不同是，由点及面，更爱钻"牛角尖"，他们考虑到的是与问题相关联的所有事物，质疑一切的存在。"一个喜欢跟石头说话的疯子认为石头是高级生命，就像蚂蚁是松散生命一样，而所谓高级生命的石头根本看不上人类，因为人类太速生速朽了，一个人就算原地站一辈子，石头也看不到，就像我们的肉眼看不到某些生命短暂的细菌一样。"① 试想，如果我们能像他们一样去质疑，去观察，创新又有何难！

① 高铭. 天才在左　疯子在右. 武汉大学出版社. 1-5.

3. 多重人格

大师眼中的艺术似乎与"变态"心理有着某种共通之处。柏拉图曾说："没有某一种的疯癫就成不了诗人。"亚里士多德认为，"没有一个伟大的天才不是带有几分疯癫的"。叔本华也有名言："在天才和疯子之间存在着以某种方式相汇合、相交错的一些因素。"我们不得不承认，往往成功之人多少有些偏执，有些所谓的不正常，可以说有些"变态"。而行为上的疯狂其实可以理解为一种超乎寻常的执著与热情，或是怪诞的想法与异样的思考。许多的艺术家在其不被认知之前，都是"疯子"、"变态"的代表人物，都是无法融入社会的孤僻者。20世纪抽象表现主义的先驱波洛克（Jackson Pollock，1912～1956年）[1]，对自己的行动绘画经常失去信心，在苦闷中精神异常，1956年在酗酒之后开车失事身亡。因其在帆布上很随意地泼溅颜料、洒出流线的技艺被我们所认知，"波洛克的每一张作品都不是轻易画出的……当他作画时他沉湎于吓人的狂热行动中。"[2] 走入他的人生轨迹，我们所能了解到的归结起来就只有两个字："疯子"，这也是他生活的年代周遭的人对他的评价，然而在他身上，我们看到的是对于艺术的疯狂的追求，对于自由奔放的"滴画"的疯狂。对于他的作品，无形的"满幅"是一种对于常规的突破，成了反对束缚、崇尚自由的美国精神的体现。

人们常把房子和车子放在一起，用来讨论彼此间的经济实力，而设计师将两者放到一起谈论时，"房车"的设计便悄然而生。真正的设计师就是这样一些整天胡思乱想的"变态者"。而我们常常界定一些设计作品，非美即丑，那么，什么是美？什么又是丑？难道说，符合人们审美要求的就是美的吗？符合时代潮流的就是美的吗？当古典主义取代罗马艺术而占统治地位之时，古典主义就是美的，罗马艺术就是丑的吗？

那些体现本真自我的，那些区别于常态的"变态"的设计者，在寻求改变与突破的过程中所展示的、所表达的都是美的体现，而这种变态设计过程中所独有的专注、热情、自由、非理性的智慧正是设计美的法则。正如3D电影需要用3D眼镜来欣赏一样，"变态"的设计需要非常态的态度去感受，融入、融化才能融解，当我们以这种变态的态度去解读这些美时，就会发现那些设计作品最根源、最本质的东西。所谓的"人性化设计"、"绿色设计"、"本土化设计"等无不来源于这样的极端敏感。而也只有以同样的一种设身处地、人我不分的心理，

[1] 波洛克，美国画家以及抽象表现主义（abstract expressionism）运动的主要力量。

[2] 古德诺. 波洛克画的一张画. 艺术新闻, 1995（5）：39-40

才能走入设计师的世界，去品味其设计灵魂。仁者见仁，智者见智，这样的非理性设计在这个神经官能症日益泛滥的时代将会得到其应有的发展空间和规模。在理性的世界中非理性本应有一席之地，因为才智多近于疯狂！

4. 童真视界

与成人相比，在无意识的创作中儿童更加具有创造性。儿童的思维更加跳跃和有活力，不经世事也就不会有思维定势和束缚禁锢，对于事物的无知使他们对于新奇的东西有着原始的定位。思维和肢体的原始使儿童对于事物的"变形"能力更趋向无意识。"人们毕生必须能够像孩子那样看见世界，因为丧失这种视觉能力就意味着同时丧失每个独创性的表现。例如我相信对于艺术家来说，没有比画一朵玫瑰更困难，因为他必须忘掉他以前所画的一切玫瑰才能创造。"[1] 在成年人的眼中，儿童是弱势群体，是思想不健全的小精神病，而其实相比于成年人的伪装、现实和冷酷，儿童更加真实，说自己想说的，做自己想做的，这样看来成年人更像是自欺欺人的精神病。我们纵然不能像儿童般的创作，但是回归童真能够让我们打破思维定势，将明确进行模糊化才能给想象力以空间。

5. 强烈兴奋

兴奋是强烈化的快乐情绪，是人在得到后的一种基本情绪。处在兴奋中的人会出现心跳加速、动作及语言增多、语速加快、音量增加等现象，强烈兴奋则会出现身体发抖、神经质、呐喊等并做出意料之外的事情，而持续的强烈兴奋会导致体力不支、精神崩溃。

"搞艺术的人大都经历过兴奋甚至过度兴奋的精神状态。作家在创作冲动时，常会思潮泉涌、激情澎湃，导致食不知味、夜不能寐；灵感涌现的艺术家一语不发，如鬼神附体般疯狂地进行创作，仿佛要将潜藏在体内的能量耗光用尽。这种"灵感狂迷"都在兴奋的状态下展示了巨大的创造力。"[2]

①吕俊华. 艺术与癫狂. 作家出版社. 85.

②鲁枢元. 生态文艺学. 陕西人民教育出版社. 252.

二、艺术家"变态"的设计方法

基于艺术家"变态"心理的不同外现方式，城市景观艺术设计采用了多种设计方法，其中以形变最为典型，包括质变和色变。其方法主要体现为以下几种：

1. 有机化

自然是设计无穷的灵感之源，任何有机生命体的外在形式和内部结构都为设计提供着新的创意。我们今天所接触到的大部分设计作品的形态根源都来自自然的有机体(图4-3)。图4-4在我们司空见惯的圆形花坛周围加上了爬虫的足，使静止的花坛立刻动了起来，生气十足。英国的公共艺术家彼得·兰德佩吉的创作以其来自自然的几何元素为主，作品赋予抽象的灵魂以简洁的形式（图4-5～图4-9），均是在石材或大地上进行自然几何的有机处理。

2. 集群化

简化了的单体设计在缺失重量感和规模时常常被群化复制，它们可能是相同元素，也可能在色彩、形态上具有相似性，聚合方式根据单体的复杂程度以及材料的不同也会得到不同的效果。在排列方式上有纵横的、曲线的以及不规则排列等。单纯的钢管以长短不一的长度进行横向的群化处理，呈现了壮观的视觉效果（图4-10，图4-11）。动物经放大后的不规则排列群化处理，增加了空间的趣味性（图4-12，图4-13）。

电子技术介入群化便产生了参数化的设计，参数化带给了复杂形态的实现，更精确化也更加异常化。这种参数化的设计常常在建筑设计中出现，现在则向连带设计辐射（图4-14～图4-16）。

3. 简约化

对于形的减法处理来源于格式塔心理学，又称完形心理学，该理论由德国心理学家威廉·冯特（Wilhelm Wundt,

图4-3	图4-4	
图4-5	图4-6	
图4-7	图4-8	图4-9

图4-3 生物形式的景观
图片来源／马钦忠主编．公共艺术的制度设计
与城市形象塑造·美国·澳大利亚．中国公共
艺术与景观总第四辑．上海：学林出版社，
2010. 11

图4-4 花坛 日本
图片来源／冯信群，姚静著．景观元素-环境设
施与景观小品设计．南昌：江西美术出版社，
2008. 146

图4-5 "在静水边"
图片来源／马钦忠主编．公共艺术的制度设计
与城市形象塑造·美国·澳大利亚．中国公共
艺术与景观总第四辑．上海：学林出版社，
2010. 109

图4-6 "子宫墓穴"
图片来源／同上. 104

图4-7 "公园的迷宫"
图片来源／同上. 101

图4-8 "异国情调的货物"
图片来源／同上. 100

图4-9 "我与自然的对话"
图片来源／王丽云著．空间形态．南京：东南
大学出版社，2010. 63

图4-10　图4-11
图4-12　图4-13
图4-14

图4-10　西贝柳斯纪念雕塑
图片来源／彭军，张品编著.
欧洲·日本公共环境景观. 北
京：中国水利水电出版社，
2005. 52-53

**图4-11　西贝柳斯纪念雕塑
局部**
图片来源／同上

**图4-12　日本香川幸福景观
小品**
图片来源／文增著，林春水编
著. 城市街道景观设计. 北京：
高等教育出版社，2008. 95

图4-13　公园景观
图片来源／章晴方编著. 公共
艺术设计. 上海：人民美术出
版社，2007. 92

**图4-14　洛杉矶城市室外
景观**

图4-15（上） PS1/MOMA的临时搭建物
图片来源／香港日瀚国际文化传播有限公司编. Public Landscape公共景观. 天津：天津大学出版社, 2010. 260-262

图4-16（下） U2大厦 南加州建筑学院咖啡屋|现代艺术博物馆
图片来源／蓝青主编. 美国亚洲艺术与设计协作联盟. 极度建筑·XEFIROTARCH作品. 武汉：华中科技大学出版社, 2007

1832～1920年）^① 提出，认为知觉本身的整体性并不是由感觉元素的集合来感知的，整体大于部分之和。由此我们可以得知距离近的物体以及具有相似性的东西容易被看成是一个整体，鉴于人的意识的惯性思维，我们即使将形体中的部分剔除，在人们的感知系统中仍然不会影响整体形象的识别，日常生活中，我们常常以散瞳或眯眼的方式来得到物体的整体感觉。简约化主要包括单纯化与抽象化：单纯化是针对有机体的减法，而抽象化则是无机的形态或是有机形态的无机化。

单纯化的方法将人和动物的形态做到化繁为简，有些呈现整平化（图4-17～图4-19），有些是夸张臃肿的笨拙化（图4-20，图4-21），而有些则呈现尖锐化（图4-22，图4-23）。

抽象化方法中对有机形态的无机化的思维程序是从自然形态开始，经历了写实形态、归纳变形最后成为抽象形态。而抽象的无机形态则是用材料创造一些富有气势、节奏的随意造型，许多的神经质创作均体现于此（图4-24）。

4. 夸张化

蜘蛛爬行在道路上不足为奇，但是放大一百万倍后的蜘蛛出现在人们的视野中就成为了庞然大物。放大的处理方法所选取的原型都是人们日常生活中司空见惯的，分两种放大的方式：等比例放大与非等比例放大（图4-25～图4-31）。

5. 模糊化

当清晰的事物变得模糊，思想的惰性便被联想所取代，如果我们画一个圈，圈内的是已知事物，圈外的是未知事物，而处在圈上的就是模糊事物，模糊让我们通过已知事物去分析未知（图4-32，图4-33）。

6. 视幻化

维度的转化可以是二维三维化，也可以是三维二维化，甚至是更多的维度变化。二维三维化是利用平面绘画给城市中的偶然景观造型以展现生命特征的表现手法。这样的手法与废弃

①威廉·冯特，德国心理学家、哲学家，第一个心理学实验室的创立者，构造主义心理学的代表人物。其《生理心理学原理》是近代心理学史上第一部最重要的著作。

图4-17	图4-18	图4-19
图4-20	图4-21	
图4-22	图4-23	

图4-17　杜伊勒里公园雕塑 巴黎
图片来源／彭军，张品编著. 欧洲·日本公共环境景观. 北京：中国水利水电出版社，2005. 48

图4-18　街头雕塑
图片来源／殷晓烽主编. 李东江，刘强，韩璐编著. 雕塑造型基础研究. 沈阳：辽宁美术出版社，2007. 116

图4-19　纽约园林雕塑
图片来源／许彬摄影，李彤彤撰文，杨翠微设计. 美国城市雕塑. 沈阳：辽宁科学技术出版社，2006. 95

图4-20　鸟 英国
图片来源／诸葛雨阳编著. 公共艺术设计. 北京：中国电力出版社，2007. 118

图4-21　街头雕塑 1
图片来源／冯信群，姚静著. 景观元素——环境设施与景观小品设计. 南昌：江西美术出版社，2008. 133

图4-22　街头雕塑 2
图片来源／彭军，张品编著. 欧洲·日本公共环境景观. 北京：中国水利水电出版社，2005. 9

图4-23　街头雕塑 3
图片来源／冯信群，姚静著. 景观元素——环境设施与景观小品设计. 南昌：江西美术出版社，2008. 133

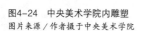

图4-24　中央美术学院内雕塑
图片来源／作者摄于中央美术学院

图4-25　广场雕塑 东京
图片来源／彭军，张品编著. 欧洲·日本公共环境景观.
北京：中国水利水电出版社，2005. 70

图4-26　放大的设计
图片来源／http://www.pstxg.com/post/2985.html

图4-27	图4-28	图4-29
图4-30	图4-31	
图4-32	图4-33	

图4-27　校园小品
图片来源／www.pstxg.com/post/2985.html

图4-28　大拇指　巴黎
图片来源／www.docin.com/p-202574768.html

图4-29　吊起来的犀牛　波茨坦
图片来源／www.docin.com/p-202574768.html

图4-30　南瓜　美国
图片来源／马钦忠主编. 关于生态与场所的公共艺术. 中国公共艺术与景观总第二辑. 上海：学林出版社，2009. 162

图4-31　首尔奥林匹克公园景观
图片来源／金言秀，金百洋主编. 公共艺术设计. 北京：人民美术出版社，2010. 86

图4-32　华盛顿园林雕塑　美国
图片来源／许彬摄影，李彤彤撰文，杨翠微设计. 美国城市雕塑. 沈阳：辽宁科学技术出版社，2006. 95

图4-33　杜伊勒公园雕塑　巴黎
图片来源／彭军，张品编著. 欧洲·日本公共环境景观. 北京：中国水利水电出版社，2005. 47

物再利用的道理一样，常能带来生活中的小惊喜。修补已经破
损的道路增加立体的人物表情，增加趣味的同时也给出了信息
暗示（图4-34）。图中墙面上的小狗和海豹均是利用墙体的偶
然残落的图案来进行二维创作，将丑陋变为了设计中的元素，

图4-34　视幻化设计
图片来源 / www.pstxg.com

图4-35　青岛德国街建筑
图片来源／龚声明主编. 公共视觉艺术赏析. 南京：东南大学出版社. 2010. 21

变废为宝。

　　三维二维化是在立体的空间中进行创作使其平面化，在建筑体表的装饰设计使得整个建筑体像一幅巨大的装饰画，削弱立体的感觉（图4-35）。

　　质变的手法通常是在保持物体形态不变时以其他同一材质进行替代创作，或是用不同材质来表现同一物体，这就是格式塔心理学对于设计方法最核心的论述，即同质异构及异质同构。如图4-36、图4-37中用木材拼贴的马和废旧轮胎压制的狮子，均表现出了特有的性格特点和形态，木材的静与性格温顺的马，轮胎的动与凶猛运动中的狮子，材料的质感、可塑性和材料色彩的选择均影响着作品的整体效果。生活在田间机警的鼹鼠眺望着远方，作品以放大和质变的手法再现了鼹鼠的生活状态（图4-38），用不同材质表现了如同融化了的冰棍般的牛（图4-39）。

　　有些则利用特殊材质的属性和色彩来产生不一样的效果，体量感十足的单一的形运用镜面不锈钢的材料，使周围的景

图4-36	图4-37
图4-38	图4-39

图4-36　树皮做的马　美国
图片来源／诸葛雨阳编著. 公共艺术设计. 北京：中国电力出版社，2007. 76

图4-37　轮胎做的狮子
图片来源／百度图片

图4-38　原野雕塑
图片来源／诸葛雨阳编著. 公共艺术设计. 北京：中国电力出版社，2007. 76

图4-39　布达佩斯城市融化的母牛
图片来源／http://www.docin.com/p-202574768.html

色反射到作品上，成为一种天然雕饰，和谐地融入环境中（图4-40，图4-41）。

　　色变常常伴随着形变或者质变出现在作品中。鹿特丹艺术家的作品大黄兔，营造出了一种高达13米的巨大的毛绒兔子偶然掉落在瑞典广场中心的情境。巨型兔子背靠着原有广场的中心焦点Engelbrekt纪念碑，采用了背离环境的亮黄色，让人耳目一新（图4-42）。

图4-40（上）　室外环境雕塑 1
图片来源／冯信群，姚静著. 景观元素-环境设施与景观小品设计. 南昌：江西美术出版社，2008. 32
　　许彬摄影，李彤彤撰文，杨翠微设计. 美国城市雕塑. 沈阳：辽宁科学技术出版社，2006. 132、267

图4-41（下）　室外环境雕塑 2
图片来源／http://www.gooood.hk.com

图4-42 大黄兔
图片来源／http://www.pstxg.com
冯信群，姚静著．景观元
素——环境设施与景观小品设计．南
昌：江西美术出版社，2008. 134

第三节 基于公众"变态"心理的城市景观设计

城市景观艺术作为一种公共艺术呈现在城市中，其涉及的设计分类之广、内容之多使其成为"变态"设计的最具综合性的研究领域。大到城市景观、建筑，小到雕塑、井盖，走在城市中我们不难发现"变态"艺术已经渗透进了生活的每一个角落。

一、"变态"设计中的禁果效应

1. 心理学中的禁果效应

在日常生活当中，当一位母亲对自己的孩子说"千万不要去打开那个抽屉"，这个孩子可能会想尽各种方法去打开抽屉以看看里面究竟有什么宝贝。也许人们会以为这种心理只是儿童的逆反心理，其实不尽然，大多数的成年人都会与儿童有着相同的举动，在心理学中这叫禁果效应，又叫做"罗密欧与朱丽叶效应"。禁果效应是指越是令人们恐惧、反感的东西，人们越是好奇，越想要去触碰，越是令人惊吓的东西，人们又越会去感受、经历。禁果一词源于《圣经》，上帝告诫亚当和夏娃不要去吃、更不要去碰"知善恶树"上的果实。夏娃受魔鬼引诱，还是偷食了禁果并把果子也分给了亚当，作为惩罚，他们被赶出伊甸园，并且承受痛苦和诅咒，因此偷食禁果被认为是罪恶的开端。现在我们说的禁果常用来形容那些人们不被允许得到的东西。禁果效应又名"潘多拉效应"。

人的大脑不会对所有的事物都深刻铭记，有的时候只是昙花一现，然而正是这昙花一现，就可以让人去思索、回忆它的来龙去脉。大脑的短期记忆只取决于最初看到、听到、嗅到的几秒间，而视觉是几种感觉中对大脑影响最大的感觉器官，所以如果设计师想要一件事物进入人们的心里，就要争取那短短的几秒钟，让人眼睛刚刚落到作品上就为之震撼。

针对人们愿意品尝"禁果"的变态心理，设计师往往会用自己的方式加以利用，我们把设计师的这种利用人们的禁果心理去进行尝试称为变态设计。从大多数的"变态"设计作品中，我们能够观察到的是 "变态"设计者们往往将自己假设成为精神病患，去分析一种违反常理的设计思路，或者说用一种逆向思维，来诠释所要进行的设计。例如，许多的设计师就像编程一样利用人们的"变态"心理，如恐惧心理、厌恶情绪、好奇心理等进行结合设计，利用观察者的禁果心理使其走入他们所布置好的心理陷阱中，从而达到设计者所希望得到的设计反应。

2. 禁果效应影响下的"变态"设计题材

"社会的发展伴随着人们彼此间内心的疏离，以竞争为主

①[美]卡伦·霍尼. 我们时代的神经症人格:冯川. 译林出版社.

②笛卡儿,法国哲学家、科学家和数学家。笛卡儿对现代数学的发展作出了重要的贡献,因将几何坐标体系公式化而被认为是解析几何之父。笛卡儿还是西方现代哲学思想的奠基人,是近代唯物论的开拓者,提出了"普遍怀疑"的主张。其哲学思想深深影响了之后的几代欧洲人,开拓了所谓"欧陆理性主义"哲学。著有《哲学原理》、《屈光学》等。

③罗素,20世纪英国哲学家、数学家、逻辑学家、历史学家,无神论或不可知论者,20世纪西方最著名、影响最大的学者和和平主义社会活动家之一,被认为与弗雷格、维特根斯坦和怀特海一同创建了分析哲学。罗素与怀特海合著的《数学原理》对逻辑学、数学、集合论、语言学和分析哲学有着巨大影响。1950年,罗素获得诺贝尔文学奖,以表彰其"多样且重要的作品,持续不断的追求人道主义理想和思想自由"。

导型的经济社会带给人们更多的孤独感、恐惧感、不安全感、软弱感和敌意,也诱发了人们神经症人格的日益显露,现代心理疾病的多发与竞争型社会所带来的负面影响密不可分。"①不同于"变态"心理的疾病,日常生活中即使处于平静之中,人们也会有许多的"变态"心理在内心活动(我们可以视其为神经症人格),只不过这些不理智的心理活动被视为邪恶并不被许可,因而处于被压制状态。但是当人们处于激动或紧张状态的时候,无意识会被激发,而相反的意识会被压抑,这就会引导我们去品尝这些"禁果",甚至于导致做出一些不理智的行为。

研究人们的"变态"心理,我们要从人们的基本情绪出发。对于情绪的分类有诸多种,如法国哲学家笛卡儿(Rene Descartes,1596~1650年)②将情绪分为惊奇、欢乐、爱悦、憎恶、欲望、悲哀等,英国哲学家罗素(Bertrand Russell,1872~1970年)③则根据愉快度和强度将其分为高兴、轻松、厌烦和惊恐四种。我们在情绪的基本分类形式即快乐、悲哀、愤怒和恐惧的基础上,将所谓正常人们的"变态"心理分为几种:性、逆反、死亡、好奇。

(1)性

生殖崇拜、生殖器崇拜、性交崇拜是从原始社会衍变而来,作为原始人之初的人类,种群的繁衍是生存的使命,而孕育生命的神圣来源于生殖,于是对于性的崇拜世世代代在人类的血液中延续下来,世界各国文化概莫能外。

韩国旅游大使"石头爷爷"(图4-43),有着十分显露的生殖器特点,抚摸肚子的双手也与孕育有关,"摸摸老人的鼻子能够帮助妇女怀孕"流传至今。其他还有印度最大的性庙卡朱拉霍神庙、埃及的男根森林阿蒙神庙、欧洲裸体雕塑的天堂巴黎卢浮宫等。中国古代的许多艺术作品都展示了男子硕大的阴茎,汉字"祖"左边的偏旁意为祭祀,而右半部则象征着男

图4-43 石头爷爷
图片来源 / http://fashion.ifeng.com/
travel/world/detail_2012_02/16/
12550369_5.shtml

根。中国古代对"性"并不避讳,《道德经》中对性文化中的
性欲、性交过程、人的生育过程、性道德、性观念有很好的阐
述,如"谷神不死,是谓玄牝。玄牝之门,是谓天地根。绵绵
若存,用之不勤"、"天下之交,天下之牝,牝常以静胜牡,
以静为下。"文中的牝指女性生殖器,意味着生命之源;牡则
为男性生殖器。

无论是岩石壁画还是建筑雕刻,性从未离开人们的视线,
而其与人类的繁衍渊源使其最能引起人们的注意。弗洛伊德的
理论中,将人类的一切根源都归结于性。人们最忌讳谈论的话
题却最能引起人们的关注,广告、搜索引擎中,"性"都有着
高出镜率和搜索率,是人们最爱偷吃的"禁果"。所以压制只
能造成虚伪,然而虚伪是不会出现在艺术词典中的,揭发虚伪
才是。在景观艺术中,涌现出了许多以"性"为主题的创作,
情愿"变态"的艺术家们用艺术自由来展示他们的洒脱不羁。

(2)逆反

逆反心理是一种与外界呈相反态度的心理现象。引起逆反
心理的原因有很多种,强烈的自尊心、好奇心、特立独行等。逆
反也是对现实的一种不满足,一种反叛,孩子的逆反成为了父
母的心病,但科学家的逆反却带来了科技的进步,同样设计师的
逆反带来了设计的创新,所以逆反有助于人类社会的前进。生

活中人们时常会对所谓的规则甚至"真理"提出质疑，但诸多思维的叛逆均只停留在意识流中，而只有设计师的叛逆才是将人们的叛逆解放出来，表现在设计作品中（图4-44）。

（3）死亡

与求生本能相对的是我们都不太熟悉的死亡本能。死亡本能概念最初由弗洛伊德的病人萨比娜提出，弗洛伊德将其纳入自己的精神分析理论中。弗洛伊德后期认为，人有两种本能，一是爱的本能（或为性本能），二是死亡本能。死亡本能又称为毁坏冲动、攻击本能或侵犯本能。这是一种要摧毁秩序、回到前生命状态的冲动。这也解释了敌意侵犯、互相猜忌、对他人敌意的恐惧、斥责、对积极向上的嘲弄式拒绝这些变态心理的现象，同时为设计提供了新的素材。

每个人对于死亡都有一种恐惧，求生的本能来源于我们的祖先，每一个存活的物种都会以生存繁衍为种族的第一使命，所以每一个与死亡有关的，哪怕是微小的伤害，都伴随着我们内心强烈的排斥，与之相关的鲜血、骨、肉、脏器等同样会对我们的感官产生强烈的刺激，所以往往血腥的事物更能激起人们的关注。与死亡相关的题材在"变态"设计中大都采用了分离的手法，即身体的局部部位或器官以及整个躯干的即将分离状（图4-45，图4-46）。

（4）好奇

好奇是指对自己所不了解的事物觉得新奇而感兴趣，流露或显示出对新鲜事物的求知欲。当看到一些日常生活中不常见的或者对视觉引起强烈刺激反应的事物时，人们会为了满足自己的好奇心，走近或观察所注意到的事物。设计师可通过对大众普遍存在的好奇心理的窥视，对设计作品加以"变态"处理，使设计作品充满神秘感、隐喻感，以此来博取公众的眼球，从而达到设计师真正想要传达的思想（图4-47）。

图4-44　公共艺术作品
图片来源 / http://www.docin.com/p-236959446.html

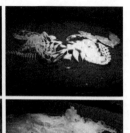

二 "变态"设计中的答布效应

1. 心理学中的答布效应

"答布"指的是法律诞生前人类社会普遍存在的一种社会生活规范。早期的人类社会并不存在宗教、法律、道德等这些约束人类行为的规范和准则，然而在人们的日常生活中，形成了一种结合这三种人文观念的约定俗成，潜移默化形成了我们今天所命名的"答布"。

答布效应有狭义和广义之分。狭义是指那些经过一定程序成为了可见条文的内容，如宪法、法律政策规定、道德法规、公约守则等。广义的则是指那些未经规范的东西，它们存在于人们的头脑中，通过舆论的形式表现出来，这就是风俗习惯、道德观念。这些东西虽然没有写进有关条文，但却渗透在每一个角色扮演者的心理和行为之中。通俗来讲，答布效应即角色规范。角色规范不仅为角色扮演者确定了一定的行为准则，而且在社会机制的运转中形成社会心理方面的准则：一是激励力量，勉励人们信守角色规范，例如社会赞许、人际关系的亲热、承认个性的某些要求、扩大个人意见在群体舆论中的份量等；二是制止力量，制止那些违背角色规范的行为，如加以社会谴责、人际关系方面的冷淡等。"孔子曰：'兴于诗，立于礼，成于乐'，'诗'、'礼'和'乐'是中国古代社会的基石，'礼'使社会生活井然

图4-45（左）英国雕塑
图片来源／诸葛雨阳编著. 公共艺术设计. 北京：中国电力出版社，2007. 114

图4-46（右）圣克雷血
(XEFIROTARCH)
图片来源／蓝青主编. 美国亚洲艺术与设计协作联盟. 极度建筑·XEFIROTARCH作品. 武汉：华中科技大学出版社，2007. 160-177

图4-47 好奇的窥视
图片来源／漆平. 现代环境设计·美国 加拿大篇. 重庆：重庆大学出版社，1999.10

①宗白华. 天光云影. 北京大学出版社. 25.

有条，而答布效应就等同存在于人们心中的'礼'。"①

社会心理学对人类行为（外显的和内潜的）研究的主要贡献之一，就在于阐明了一个社会如何使其成员的行为遵从社会现行的，适合一定阶级要求和需要的行为规范与道德准则，或是倡导其成员如何遵从本民族的文化规范。社会是规范的体系，任何一个社会都有一套约定俗成的行为规范，其所有成员都必须遵守。从这个角度而言，只要我们不是把"答布效应"中的"答布"仅仅理解为原始社会里的"答布"，而是把它理解为角色行为的"导演"——角色规范，那么，我们就可以说，"答布效应"在任何社会里都是客观存在的。

2. 答布效应影响下的"变态"设计题材

无论是癫狂创作还是变态心理创作，"变态"设计都不是毫无约束、天马行空，而是有着一定的主题诉说，有着自己的角色规范的，作品在体现社会现实的同时也是一种呼吁、一种诉求，因此有些时候，设计作品本身成为了矛盾的统一体。

现当代的城市景观艺术以环境与文化、公共精神与文脉传承为源动力和创作源泉。

城市景观艺术是文脉与城市气质的体现，是城市发展的守望者与见证人。每个城市都有着独特的发展历史和行为特色，城市的性格导向会从各个方面体现，城市景观艺术是其主要的形象代言。政治导向城市中的景观艺术会有比较严谨的整体布局、英雄形象的景观雕塑等，旅游导向的城市会增加景观节点和符合当地特色的艺术小品。就其所担当的角色，可以分为两大类：体现城市文化与反映社会现象。

（1）体现城市文化

城市的文化来源于城市的历史和发展过程，古代人常将时代的文明刻于石壁上和山洞里以使其延续。文化传承的前提是交流，作为文化交流的重要媒介之一，城市景观艺术是体现城市文化的重要载体。

图4-48（左）　信箱
图片来源／http://www.docin.com

图4-49（右）　室外环境雕塑
图片来源／同上

　　城市是一个综合体，就像一个人有多种性格一样，城市所要展现给公众的情绪也富于多样化。自由与活力是城市年轻与发展的体现，城市景观艺术在体现城市文化时总会不自觉地刺激人们的敏感神经（图4-48，图4-49），这种刺激无论是玩笑的形式还是惊悚的形式都会给人以耳目一新的感觉，带来城市中的轻松氛围。

　　具有浓重装饰意味的表现型景观是城市中的活跃分子，也是城市景观艺术的主要类型，"变态"设计常常在夸张疯狂的同时起着活跃环境气氛、调节空间感、宣传主题等的重要作用（图4-50，图4-51）。

　　艺术家们用一种"游戏"创作的态度，将一些常态进行反常思考，在城市中、街道上、公园里尝试将不可能变为可能，"游戏性"使作品更加具备亲和力，更有效自然地使公众互动其中，体验艺术的乐趣。这就像是设置了开篇的街头电影，又

图4-50（左）　室外装置艺术作品
图片来源／http://www.pstxg.com

图4-51（右）　公共艺术作品
图片来源／http://photo.usqiaobao.com.2010-0814.content_522652.htm

图4-52　　室外环境雕塑
图片来源／http://www.docin.com

图4-53　空中的人
图片来源／同上

像是走入了另一个世界（图4-52，图4-53）。

犹如文字、电影一样，城市景观艺术常常以时间作为创作主题，或体现城市及街道的历史感，或体现城市的生活气息，又或者将历史的故事或人物等以创作的形式表现出来让人们能够更加真实地感受历史（图4-54，图4-55）。这即是所谓的记录型。

（2）反映社会现象

"变态"设计作品在反映社会现象方面则分为讽刺型和歌颂型。

言论自由使社会进步，设计师的语言就是设计作品。城市景观艺术在反映社会现象时更多体现的是社会的阴暗面，通过无情的披露和曝光获取公众的怜悯或反思，让人们在嬉笑游戏间聆听设计师所要讲述的故事，在叙述和反讽中扮演维护社会安定、引导人们向善的良好角色（图4-56，图4-57）。这即是所谓的讽刺型设计作品。

社会的发展、城市的进步不总是一帆风顺的，任何体制都有其不可避免的缺陷与弊端，公民身处体制内总是最先找到不尽人意之处，人们在抱怨不公、讽刺不道德方面总是能够团结一致、形成共鸣。讽刺在这种时刻总是会被发挥得淋漓尽致。艺术源于生活，想要总结出主要的被讽刺对象，我们就要从人们的唠叨不满中找到普遍性。如调查研究显示，出现频率比较高的不满情绪包括贫富差距大、生态环境恶化、工作强度大、工资水平低、房价高、教育乱收费、官员腐败、物价水平高、食品安全无保障、治安混乱等。这些都成为了创作讽刺题材的灵感来源。

英雄人物自古至今是雕塑作品的重点刻画对象，歌颂型的城市景观艺术体现的是积极向上的鼓舞氛围，一般以体现英雄人物或知名人士的象征性动作和神情为主要的表现内容，就非理性而言是较为矛盾的一种表达，因此，在"变态"设计作品中很少有歌颂型的作品（图4-58，图4-59）。

经过对"变态"设计的两个心理学效应的研究，我们可以

图4-54	图4-55
图4-56	图4-57

图4-54　纽约街头雕塑
图片来源／许彬摄影，李彤彤撰文，
杨翠微设计. 美国城市雕塑. 沈阳：
辽宁科学技术出版社，2006. 193

图4-55　街头雕塑
图片来源／http://www.docin.com

图4-56　公共艺术作品　1
图片来源／同上

图4-57　公共艺术作品　2
图片来源／同上

将"变态"设计题材大体分为裸露的性题材、叛逆的幻想题
材、本能的死亡题材、好奇的异形题材、露骨的讽刺题材、时
光的记录题材和趣味的互动题材等。与此同时，大量的体验互
动性的设计作品涌现出越来越多的非理性特征，固将其作为单
一的趣味的互动题材纳入研究中。

图4-58（左）公共艺术作品　3
图片来源／http://www.docin.com

图4-59（右）公共艺术作品　4
图片来源／同上

图4-60 希腊的两性胴体雕塑
图片来源／王铁城，刘玉庭编著.
装饰雕塑. 北京：中国纺织出版社，
2005. 131

三、城市景观艺术"变态"设计的题材

1. 裸露的性题材

精神分析学中将"爱的本能"称为"性本能"。艺术自由化的发展带动了性作品以及带有性意识作品的广泛发展。现代景观艺术中性题材的作品以日益直接的表现方式出现在人们的视野之内，如伦敦Trocadero的世界第一个"性"主题公园、韩国济州岛的性主题公园等都广为人们所知。当我们从艺术的审美角度去正视隐晦的性时，我们不禁提出这样的质疑，性既然是我们生命、生活的一部分，为什么不能去大胆地面对？无法企及的应该是秘密，而不是鲜为人知的性。

性题材的作品有以下几种主要的类型，即形而下的直接型和形而上的间接型。直接型即以完整细腻的方式刻画表现性器官、性特征、性生活（图4-60）。而间接型则将"性"以符号化的方式进行隐喻或暗喻的创作。谢旭斌在《性意识与环境艺术》中将性意识隐含的符号分为三角型、圆型和十字型等，就性的符号来说还有诸多种，如大写字母U型、V型、W型、Y型，汉字中的山型、凹型、凸型等。

直接型的早期作品主要体现在寺庙、教堂等宗教主题上，充分表现了人体美，而后期的直接型作品则更多地体现了"性"字的真实表象特征。直接型的作品采用的主要方法即写实化，也可称为具象化。很多景观雕塑均体现出男女交媾的场景，将生活中的性裸露表达出来，写实刻画（图4-61）。

间接型的作品主要以性符号为设计形态，通过暗示和象征来表达寓意。间接型作品的主要非理性设计手法即符号化伴随着夸张放大的处理

（图4-62，图4-63）。

2. 叛逆的幻想题材

城市景观艺术是一个城市性格的体现，越是文明发达的城市，就越是注重艺术自由。许多艺术家都把创作视为一种人生游戏，"变态"设计的创作就是要令人身心放松，这样的城市才能给人亲切感与融合感。这种娱乐性的创作是对实际现实生活的一种逆反，对现实、对科学的一种叛逆，仿佛走进了美式科幻大片，这种重构世界的特点让参与者体验到一种全身心投入的娱乐体验。作为具备社会功能的城市景观艺术，它的娱乐性是以"超越快乐原则"为本的。

幻想题材的作品就像是设计师与公众开了个玩笑，在语言中加入"假如"二字后付诸设计实践。常见的主要有动物拟人、否定物理、无中生有等形式。图4-64中，与人的动作、神态、表情不无二致的猩猩如同青年般搞怪地坐在街椅上，仿佛有人坐过去了，他们就要称兄道弟一番。图4-65中，水面被地面置换，沉浸于"虚拟环境"中的游泳者体现出了对

图4-61　韩国性主题公园内雕塑（一）
图片来源 / www.dszg.com

图4-62　韩国性主题公园内雕塑（二）
图片来源 / www.dszg.com
刘去病编著. 城市雕塑. 合肥：安徽科学技术出版社，2004. 158

图4-63　环境造型Q　日本
图片来源 / 同上

图4-61
图4-62
图4-63

图4-64 │ 图4-65 │ 图4-66

图4-64 旧金山街头小品
图片来源/许彬摄影，李彤彤撰文，杨翠微设计. 美国城市雕塑. 沈阳：辽宁科学技术出版社，2006.3. 159

图4-65 游泳者
图片来源/http://sfhhw.wwwwang.com/content/20104/1094234.shtml

图4-66 超现实环境雕塑
图片来源/龚声明主编. 公共视觉艺术赏析. 南京：东南大学出版社，2010.8

现实物理世界的反叛。图4-66中，设计师创造出了一种这个世界不存在的类似于生物的作品。我们这里所指的无中生有尤为强调作品被创造出的有机特征。

动物拟人形式一般是在动物的外形上进行写实化的表现，将人类的神态和举止自然融入作品中，以达到拟人化的目的（图4-67）。

否定物理形式同样在形态上多采用写实化，多以正常比例的人为主要行为对象，将地面及重力进行悖于常理的重新定位。有些则进行夸张化处理，将人形等比例放大（图4-68）。

3.本能的死亡题材

本能的死亡题材来源于人们对死亡的恐惧，以及存在于人们心灵底层的邪恶面、破坏欲、残缺的完美观念以及对血腥的欣赏。

图4-67 街头小品
图片来源/http://www.docin.com/p-236959446.html
章睛方编著. 公共艺术设计. 上海：人民美术出版社，2007.1

血腥性因更能刺激人的视觉感官成为众多"变态"设计作品的本能的死亡题材，在造型刻画中常常是剔除或切割身体的某些部位，或者将身体的任意部分如身体器官、四肢等进行独立分离表现。切割后的手指被做成雕像，姿态各异地矗立于草坪上，观赏者仿佛能感受到手指被切割后的疼痛感（图4-69）。脱离身体却仍然表情各异的头部，成为供人们观赏的景

图4-68（上） 室外环境雕塑

图片来源／（上左）http://www.docin.com/p- 236959446.html；（上中）公共艺术设计. 诸葛雨阳编著. 北京：中国电力出版社，2007. 45；（上右）马钦忠主编. 关于公共性的访谈. 中国公共艺术与景观总第一辑. 上海：学林出版社，2008.12；（下左）许彬摄影. 李彤彤撰文，杨翠微设计. 美国城市雕塑. 沈阳：辽宁科学技术出版社，2006. 122；（下中）http://www.docin.com/p- 236959446.html；（下右）http://travel.woto100.com/cjly/lyfs/1195.html

图4-69（下左） 日本鹿儿岛雕塑

图片来源／金言秀，金百洋主编. 公共艺术设计. 北京：人民美术出版社，2010.9. 30

图4-70（下右） 旧金山广场雕塑

图片来源／许彬摄影，李彤彤撰文，杨翠微设计. 美国城市雕塑. 沈阳：辽宁科学技术出版社，2006. 28

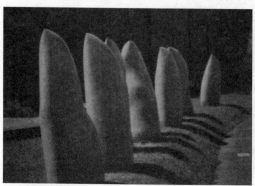 

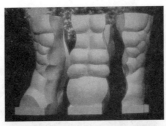

观元素，不禁让人想起魔术中的场景（图4-70）。

本能的死亡题材大多是对人的肢体进行处理后的造型。其中有的是将人的躯干部分进行放大又进行纵向分割，似分离又似聚合，以肌肉的块状特点来展示其所处的身体部位（图4-71）；人脸如同无表情的面具，在表现中进行了扩大和残缺化处理（图4-72）；有的运用透视化表现手法将母亲的孕育以表象和生理显现进行视觉对比，满足人们好奇的同时增加严肃的氛围（图4-73）。作品《旅行者》运用残缺化的表现手法，将旅行者的穿着以及提包进行保留以体现人物身份，而残留的提出部分则仿佛透视似的显现了旅途中的海景，具有一定的象征意味（图4-74）。

还有一些作品将人物整体形象进行形的剔除和抽离，去除多余的填充部位，保留特征（图4-75）。拉着小提琴的少女重点在于其动作和神情，所以作品只保留了体现状态的手、小提琴和投入的头部元素，次要表现的肢体则采用了浓缩的抽象表现法（图4-76）。残裂的头部具有浓重的装饰味道，位于切割面上的嘴是一种转移的表现手法（图4-77），作品对常态元素进行了趣味性位移。

图4-71
———
图4-72 ┤ 图4-73

图4-71　公共艺术作品　1
图片来源／章晴方编著. 公共艺术设计.
上海：人民美术出版社. 2007. 83

图4-72　公共艺术作品　2
图片来源／同上. 36

图4-73　公共艺术作品　3
图片来源／http://docin.com/p-
202574768.html

4. 好奇的异形题材

在众多的"变态"设计作品中，出现最多的便是异形题材的作品，因为异形形态多样，手法各异，且最能体现城市景观艺术的包容性和多样性。异形题材更加强调伴随着创作者的激情，同时伴随着大量的奇特仿生形态。变异的异形题材很容易激发大众的好奇心理。图4-78为执著于形态变异的美国设计师赫南·迪亚兹·阿隆索的作品斯德哥尔摩图书馆，图书馆的形态像一种蔓生植物一样，仿佛信息流可以蜿蜒攀爬注入城市的每一个角落。书籍、图像、媒体等所有的信息流在动态中分散游走。你可以称它是"多动症的建筑"或是"有生命力的建筑"，因为它实在和"静"字搭不上边。这更像是实验性的建

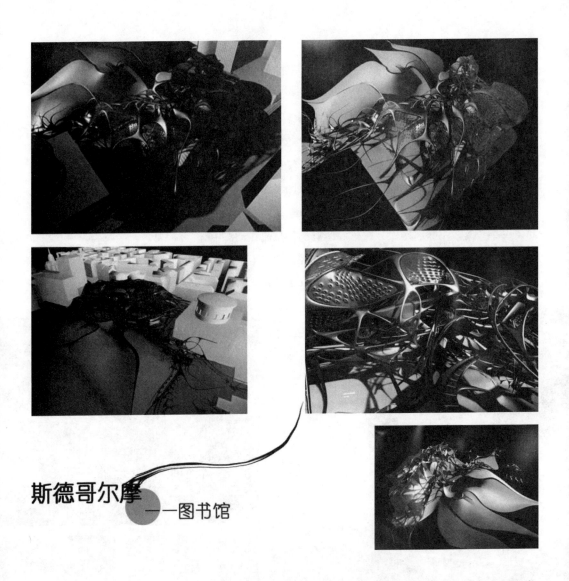

斯德哥尔摩 ——图书馆

筑，却有着让人想步入的强烈愿望。到处充满奇特与亲切，仿佛步入了原始森林，千年老树的根系露出地表，四散延伸到远处。周遭都是平滑的曲线，没有一处角落的痕迹，而这正是形态变异设计的魅力。

异形的作品多以夸张、抽象为主，形态用语上以装饰表现为主，无明显的特殊象征伴示义（图4-79）。除形态异常外，

图4-78 斯德哥尔摩图书馆
图片来源／蓝青主编,美国亚洲艺术与设计协作联盟．极度建筑·XEFIROT ARCH作品．武汉：华中科技大学出版社，2007. 32-41

图4-79　异形设计
图片来源 / http://www.gooood.com

有些运用夸张的材质，有些采用醒目的色彩等，有些则是运用了血的元素，包括血管、血流的液体状态及血的颜色等（图4-80）。

奔跑者以片状石材堆叠出轮廓模糊的人形来展示奔跑中的重影效果（图4-81）。

5.露骨的讽刺题材

城市景观艺术不是一种让人一笑而过的艺术，它有自己的使命与任务，其社会功能也不可小觑。许多设计师借用讽刺夸张的设计手法，不留情面地披露社会现实，从根本上来说，这是一种互动的创作，或者说是一种被动的互动。公众在很放松的状态下，注意力更容易做到高度的专注，即专注于现在、打开心扉、用心聆听，因为有了共同语言，这样的状态和过程使公众和作品、设计师成为真正的谈心者，彼此的共鸣、支持油然而生。这也是公共艺术对于城市文化最大的贡献，始于愉悦，终于智慧。

讽刺的创作如同写文章，文章中的比喻、隐喻、借喻等同样适用于艺术创作。因题材的特殊性致使讽刺题材的作品总是最受争议的，创作者在进行创作的时候无非两种思路：第一种是将被讽刺的现实运用隐喻的符号进行放大，旨在穿透社会表皮；另外一种便是将被讽刺的现象进行过程中的真实情景再

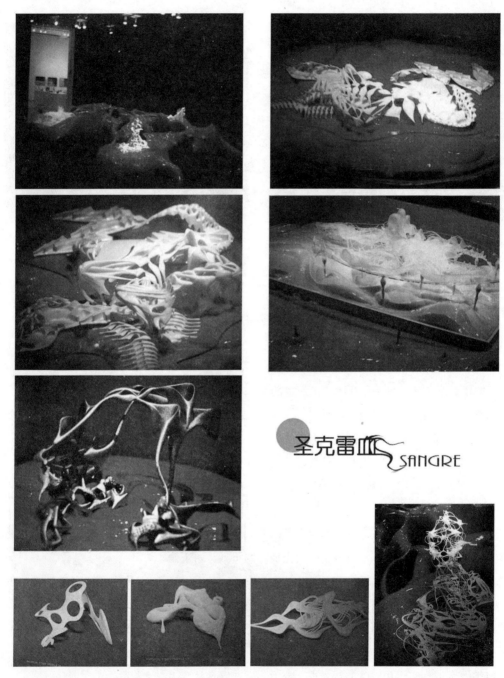

图4-80 圣克雷血（XEFIROTARCH）

图片来源／蓝青主编，美国亚洲艺术与设计协作联盟．极度建筑·XEFIROTARCH作品．武汉：华中科技大学出版社，2007．160-177

现。图4-82中，红砖意指住房，同时红砖属陶，代表中国悠久的传统文化，同样也是在对现实进行隐喻。

艺术作品可以带来一定的申诉效果，如呼吁还冤案中的受害者以清白（图4-83）。围栏上的人物画像是冤案中的受害者，人物的肖像在特定的角度才能看到，就像是蒙冤者的冤屈不是所有人都可以看到一般，表现手法的特殊性诠释了冤屈。

其实设计师也是公众，是会用设计作品发泄不满的社会公众。既然是反映社会现象的作品，最重要的一点便是让观众知道你在讲什么，所以多数的讽刺题材作品采用了叙述型的具象化，进行情景再现，展示穷苦人的窘迫（图4-84）。图4-85中对于拆迁的披露（图4-85），采用了将老人进行几何尖锐化处理的方式。有些伴随着形象的夸张处理（图4-86），高大的银行家，形容词"高大"具有反讽的意味，在进行形象创作中将"高大"二字进行人物特点的创作，讽刺之义直截了当。有些

图4-81　奔跑者　雅典
图片来源／http://www.docin.com/
p-202574768.html

图4-82	图4-83
图4-84	图4-85

图4-82　传承·状态
图片来源／http://dnews.365jilin.com/
html/2010-10/08/content_165912.html

图4-83　冤案街头涂鸦
图片来源／http://www.pstxg.com/
post/1880.html

图4-84　街头雕塑
图片来源／http://www.docin.com/
p-92389615.html

图4-85　95计划——朝阳门拆迁
图片来源／马钦忠主编．公共艺术的制度设计与城市形象塑造·美国·澳大利亚．中国公共艺术与景观总第四辑．上海：学林出版社，2010. 50

图4-86 ｜ 图4-87 ｜ 图4-88

图4-86　高大的银行家　卢森堡
图片来源／http://www.docin.com/
p-202574768.html

图4-87　联合国广场雕塑　纽约
图片来源／诸葛雨阳编著. 公共艺术设
计. 北京：中国电力出版社，2007. 49

图4-88　街头雕塑
图片来源／章晴方编著. 公共艺术设计.
上海：人民美术出版社，2007. 30

则针对主体进行变形处理，如放大后又被扭曲的枪口象征着反
战（图4-87）。

6. 时光的记录题材

　　生命的短暂使人们总会千方百计的挽留时光，这就是为什
么人们会喜欢摄影，用镜头去捕捉岁月的痕迹与美好。佛曰：
一花一世界，一树一菩提，一叶一如来，三藐三菩提！弹指一
挥间，刹那芳华！瞬间即是永恒。走在街上我们时常会看到混
在人群中像我们一样在"忙碌"的作品。这些三维的艺术同样

图4-89（左）　旧金山街头
图片来源／许彬摄影，李彤彤撰文，
杨翠微设计. 美国城市雕塑. 沈阳：
辽宁科学技术出版社，2006. 202

图4-90（右）　记忆的创造　永无
止境
图片来源／马钦忠主编. 公共艺术的制
度设计与城市形象塑造·美国·澳大利
亚. 中国公共艺术与景观总第四辑. 上
海：学林出版社，2010. 162

反映着思索。

　　时光的记录题材主要分为两种类型，一种是时间定格的情景再现，在原型的选取上会根据城市的历史或表达意图来确定（图4-88）另一种则更强调时间的概念。图4-89中，人身体多余的肢体代表着动作的重影，是对时间概念的影射。图4-90中，建筑的残片有着历史沧桑感，同样暗示时间。

　　将另一个时间点的场景或人物放置在瞬息万变的现在，本身就是一种非理性，用真实的具象化表现方法足以将这种非理性最完整地展露。还有一些作品采用了形变的加法与减法以及质变等设计方法，利用维度转换的方法在平面中延展出三维老胡同中的历史情境（图4-91）。

7. 趣味的互动题材

　　城市景观艺术经历了从静态设计到动态设计的发展，然而单纯的动

图4-91　街头雕塑
图片来源／汤重熹，曹瑞忻编著. 城市公共环境设计——配镜与艺术小品. 乌鲁木齐：新疆科学技术出版社，2005. 68、132

许彬摄影、李彤彤撰文、杨翠微设计. 美国城市雕塑. 沈阳：辽宁科学技术出版社，2006. 195

马钦忠主编. 公共艺术与历史街区的振兴. 中国公共艺术与景观总第三辑. 上海：学林出版社，2010. 51

图4-92　跳动的红心　纽约时代广场
图片来源 / http://www.pstxg.com

态设计并不能满足设计师对于设计创新的需求，越来越多的设计作品将人的活动纳入设计，作为设计作品中的设计元素，公众参与设计才算是设计活动的完成。人们在参与的过程中得到了感官的体验与参与设计的乐趣，因此互动题材的设计受到了公众的普遍认可和欢迎。

设计作品"跳动的红心"位于纽约时代广场，由400根装有LED灯和丙烯酸的透明玻璃柱构成，以触觉为主要参与方式，当行人的手按到触摸板时，LED灯便会亮起并呈现心形，伴随着心跳般的跳动，营造了浪漫的城市气息（图4-92）。

互动的设计作品需要人的参与，所以会给公众留出参与作品的空间以完成整体的设计，其道理类似于平面设计中留白的处理，所以我们称之为留白法。作品需要人们用身体去参与，让感官得到不一样的感受（图4-93 ~ 图4-96）。

同时有一些街头平面艺术利用维度转换中的二维三维法带给公众众多的游戏乐趣（图4-97）。

图4-93（上左） 头冷石
图片来源／冯信群，姚静著. 景观元素——环境设施与景观小品设计. 南昌：江西美术出版社，2008. 148

图4-94（上右） 高速公路边雕塑 美国
图片来源／诸葛雨阳编著. 公共艺术设计. 北京：中国电力出版社，2007. 26

图4-95（下左） 听风的装置
图片来源／冯信群，姚静著. 景观元素——环境设施与景观小品设计. 南昌：江西美术出版社，2008. 148

图4-96（下右） 脚的互动装置
图片来源／同上

图4-97　室外装置艺术作品
图片来源 / http://www.pstxg.com

第四节　景观艺术"变态"设计与城市环境

一、景观艺术"变态"设计与城市的依从关系

1. 景观艺术"变态"设计与城市的性格

人类进入文明社会的最重要产物之一就是城市。马克思说城市造成新的力量和新的观念，造成新的交往方式、新的需要和新的语言。在经历了古代文明、频繁的战争和工业革命的洗礼后，城市由最初的单一的群居生活发展成了充斥人流、物流、信息流的公共空间。历史使城市走向成熟与风格化，也正是历史造就了每一个城市的文化差异。"城市不只是建筑物的群体，它更是各种密切相关的经济相互影响的各种功能的集合体，它不单是权力的集中，更是文化的终极。"① 文化上的巨大差异是各地城市景观艺术风格产生不同的根源。文化赋予城市景观艺术以生命。例如，作为欧洲殖民者首个永久殖民地的美国城市纽约，随着移民的大量涌入，成为了集金融、贸易、旅游和文化于一身的国际大都市。虽然历史短暂，但沿袭了欧洲文化的殖民背景和作为港口城市的先天优越性，纽约在文化上做到了兼收并蓄，历史背景给予这个城市最大的性格特点就是对于自由的向往和乐观主义。

欧洲城市的发展离不开宗教的渊源。凯文·林奇（Kevin Lynch，1918～1984年）② 曾说过，随着文明的发展，城市的作用也比原来增加了许多，成为仓储、碉堡、作坊、市场以及宫殿。但是，无论如何发展，城市首先是一个宗教圣地。曾经拥有统治地位的宗教在欧洲各个国家城市的发展中都印有不同程度的足迹。宗教最主要的表现载体便是教堂建筑，它诞生了宗教特有的符号、图案和标志。哥特式、巴洛克、洛可可、浪漫主义、古典主义等均在这样大的政治背景下诞生并不断衍化和

①刘易斯·芒德福. 城市发展史. 宋俊岭、倪文彦译. 中国建筑工业出版社. 107.

②凯文·林奇，美国城市设计师，曾在麻省理工学院任教，帮助麻省理工建立了城市规划系，并将之发展成为世界上最著名的建筑学院之一。

被改革。

城市的历史发展、政治演变注定在艺术的表现形式中记录，而针对不同的社会制度与民族特色，也要用适合场所的内涵与手法来进行城市景观艺术设计。"变态"设计能否在城市中延续生命，依赖于设计师对于城市的历史与未来发展是否有深入细致的研究和独特的个人见解。

2. 景观艺术"变态"设计与城市的环境

城市的环境由物理环境和人文环境组成。城市的地理位置决定了其所处的物理环境，城市的日照、雨水、风、土壤、温度、湿度等自然条件影响着城市景观艺术的生存周期，在设计材料的选择上应该首先对城市的物理环境进行调研。人文环境的考虑则首先要对城市职能类型进行定位。城市的职能主要有三种：第一种为具有综合职能的城市，即政治、经济、文化中心等；第二种为以某种经济职能为主的城市，如多种工业并存的城市、单一工业为主的城市、交通运输为主的交通港口城市；第三种是具有特殊职能的城市，如旅游城市、革命历史名城等。城市职能影响着城市的文化，对于设计而言，会引导主题的选择。城市人口以及人流的主要分布、城市人群的整体素质分析都影响着设计的构思和实现。城市景观艺术在设计前期要将所有的影响因素都考虑在内。

二、景观艺术"变态"设计与街道的合离关系

1. 景观艺术"变态"设计与街道的性格

城市街道是城市的重要组成部分，也是人与城市直接沟通的场所。在城市设计规划之初，便要进行整体的功能分区，包括城市的改造设计等都会以区域进行划分。这些散落的区域最终由街道进行连接、贯穿，街道就像身体中的血管，而连接主要区域的街道成为了主干道，等同于城市的"动脉"。在整体形象中，根据城市区域的特点，街道也会有不同的属性。如商

业街区由于人口流动性大，人员繁杂，信息种类繁多，街道宽阔，会出现多元化的城市景观艺术；历史街区会为了保留历史风貌而进行小幅度的改造，景观艺术也会以复古的状态进行重现或增加复古元素等。而居住街区以静为主，街道相对而言比较狭窄，在增加绿化面积的同时会被赋予更多的生活气息，与之相对应的城市景观艺术则呈现和谐、懒散之态。校园街区以青春、活力为代表，理性与感性相辅，在景观艺术设计中呈现出张力与激情。我们常说的"三点一线"式生活强调了日常生活中人们在城市街区中的存在范围，固定的人群在固定的街道游走奔波，所以与人们日常生活息息相关的街道上的城市景观艺术在形态特质上要考虑街区、街道的性格特点。

2. 景观艺术"变态"设计与街道的环境

不同的街道位置决定了其所处环境、类型的不同。所处环境中有无自然景观、水体、人行道、建筑、公园等都将影响到景观艺术的选择。

设计与街道的环境是一种图底关系。"变态"设计是通过非"常态"来宣告其主题，与公众产生互动，其与街道的环境关系非合即离。合即协调，与所在街道有一定的沟通、融合，要么顺从，要么互补。离即背离，是对环境的彻底颠覆或是重构与再造，但是离的前提也是与所在环境相关。

三、城市景观艺术"变态"设计与广场、公园

城市广场被普遍誉为"城市的客厅"，是城市主要规划区域的节点，以及市民生活的公共中心。城市广场更多地记载了城市的历史和辉煌，历史上的广场功能性明确，随着城市的进化，城市广场的功能、性质、样式以及尺度都发生了新的变化，同时成为了人们对于城市精神和城市生活的寄托。广场的性质、用途、文化内涵都影响着设计，景观艺术设计作为情感传达的媒介同样影响着广场的个性与气质。城市广场的标志性

图4-98　奥林匹克公园中心区广场、纽约时报广场、胜利之吻、大连星海湾广场

图片来源 / http://my.dili360.com
　　　　　http://www.y1103.com
　　　　　http://photo.usqiaobao.com
　　　　　昵图网

和制约性赋予设计更高的文化性和艺术性。

早期的广场多以宗教主题和历史英雄主义为主，公共性的提升使得越来越多的"变态"设计作品参与人们的聚会中（图4-98）。

1847年，英国的伯肯海德对公众免费开放，标志着公园作为服务城市公民的公共空间不再是极少特权人士的专属空间，而成为了城市建设的重要组成部分。从功能上来说，公园给城市提供了生态空间，同时公园也作为避难场所，给市民提供了休闲旅游、聚会游戏、散步运动的场所，参与人群的广泛性使公园日趋多元化、主题化，公园中的景观艺术设计也因此在文化传承和价值引导中扮演了越来越重要的角色，"变态"设计的景观艺术有了更大的发展空间。图4-99中景观位于荷兰境内最大的国家公园Beeldenpark中，作品如同在蓝天白云、丛林大地的包围下生长出的白色山峦沟壑，在有机仿生的同时作了抽象处理，犹如幻想国度。

四、城市景观艺术"变态"设计与建筑

　　"变态"设计与建筑的关系大体可以分为三种。第一种即建筑本身就是一种城市景观"变态"设计，如前面所提到的美国设计师赫南·迪亚兹·阿隆索的作品斯德哥尔摩图书馆。设计师万新宇在赫南·迪亚兹·阿隆索的极度建筑(Excessive)工作室所完成的毕业设计，是对维也纳大教堂的设计（图4-100）。他在接受访问中提到设计受到赫南–阿隆索、斯蒂文–马·奥托瓦格纳、中国古代器物以及哥特金属音乐、Alexander McQueen、 HR Giger、战锤四万、星际2、LXG绅士联盟、电影《英雄》等多种因素的影响，设计基于黑白两种基本元素以及它们的变体。白色部分结合了有机的曲线几何体与水晶体，而黑色作为楼板与分割处拥有更加自由的形态与逻辑（图4-101）。

　　第二种即附着在建筑上的设计。附着在建筑上的"变态"设计同时也是后现代建筑的典型特点。后现代建筑的主要特征之一便是采用装饰，这些装饰常常是非理性的，是建筑与装置的有趣结合。"变态"设计所附着的建筑一般以商业建筑、娱乐建筑、博物馆建筑、学校建筑等为主，在装饰的同时增加了

图4-99　Beeldenpark 国家公园景观
图片来源／http://fj.sina.com.cntravel.slsj2010-06-221001888.html

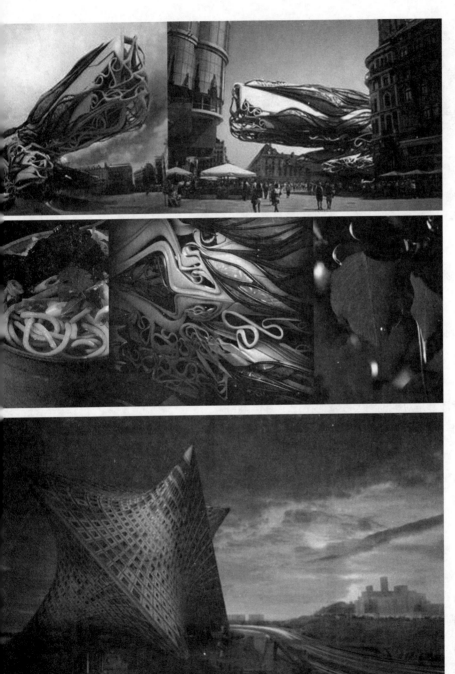

图4-100（上） 维也纳大教堂设计
图片来源／http://www.gooood.com

图4-101（下） 新台北国际艺术展览馆竞赛
图片来源／同上

图4-102　室外装置艺术作品
图片来源/
　　章晴方编著. 公共艺术设计. 上海：
人民美术出版社, 2007. 114、119
　　许彬摄影. 李彤彤撰文. 杨翠微设
计. 美国城市雕塑. 沈阳：辽宁科学技
术出版社, 2006. 227、226
　　龚声明主编. 公共视觉艺术赏析. 南
京：东南大学出版社, 2010. 21
　　王丽云著. 空间形态. 南京：东南
大学出版社, 2010. 25
　　诸葛雨阳编著. 公共艺术设计. 北
京：中国电力出版社, 2007. 109

图4-103　公共艺术作品
图片来源／诸葛雨阳编著. 公共艺术设
计. 北京: 中国电力出版社, 2007. 19

图4-104　广场中的无障碍喷泉
图片来源／章晴方编著. 公共艺术设计.
上海: 人民美术出版社, 2007. 26

趣味性，有些设计作品看起来更像是将建筑作为了"变态"设计的组成部分（图4-102）。在景观艺术的调侃下，建筑更加富有亲和力和独特的性格。

第三种即建筑周围的设计。设计在考虑大的环境后结合周围建筑的种类、所处环境以及建筑的形态、动势、风格、色彩来融入环境（图4-103）。所以可以说在环境中的"变态"设计是在理性中的非理性。

五、城市景观艺术"变态"设计与自然无形体

设计作品所受影响大部分来自于自然，与其说是将自然中的水、风、土、光、影等元素考虑到设计中，不如说将这些自然无形体作为设计的一部分，因为这些自然无形体唯一不变的就是它们一直处于变化状态，所以本质上都是一种"变态"的元素。无形体的设计必将经历无形到有形以及持续变化的形。

1.水

水体会随着环境的改变而改变形态与动静关系。没有任何一个时间、一个地点存在相同形状和样式的水。利用材料、技术和物理手段，以水的特性为载体，将"变"赋予设计。无障碍喷泉，持续跳动的水柱犹如疯狂跳舞的小人，无障碍在给水与人增加亲切感的同时也将水拟人化（图4-104）。可以利用水的物理特性营造出犹如梵高的《星空》中的唯美意境（图4-105），也可将设计融于水中，利用水的流动来增加类似生物设计的鲜活性（图4-106～图4-111）。

| 图4-105 | 图4-106 |
| 图4-107 | 图4-108 |

图4-105　运动中弥散着静寂的动态水景
图片来源／冯信群，姚静著. 景观元素——环境设施与景观小品设计. 南昌：江西美术出版社，2008. 143

图4-106　阿莱德博物馆前景观
图片来源／同上

图4-107　"币"，兵库县尼崎市中央公园
图片来源／[日]画报社编辑部编. 日本景观设计系列7—城市景观. 付瑶，毛兵，高子阳，刘文军等译. 沈阳：辽宁科学技术出版社，2003. 170

图4-108　喷泉　德国
图片来源／冯信群，姚静著. 景观元素——环境设施与景观小品设计. 南昌：江西美术出版社，2008. 142

图4-109　罗马巴卡莎公园喷泉
图片来源／许彬摄影，李彤彤撰文. 杨翠微设计. 美国城市雕塑. 沈阳：辽宁科学技术出版社，2006. 116

图4-110　洛杉矶广场喷泉
图片来源／同上. 39

图4-111　蛇
图片来源／马钦忠主编. 关于公共性的访谈. 中国公共艺术与景观总第一辑. 上海：学林出版社，2008. 26

图4-112 来福城的山谷窗帘 科罗拉多
图片来源／马钦忠主编. 关于公共性的访谈. 中国公共艺术与景观总第一辑. 上海：学林出版社，2008. 24

图4-113 奔跑的篱笆 加利福尼亚
图片来源／马钦忠主编. 关于公共性的访谈. 中国公共艺术与景观总第一辑. 上海：学林出版社，2008. 22

图4-114 类似测风仪的街边装置
图片来源／马钦忠主编. 关于公共性的访谈. 中国公共艺术与景观总第一辑. 上海：学林出版社，2008. 189

2.风

图4-112、图4-113为美国艺术家克里斯托与简尼·克劳德利用风所作的设计。织物随着风的运动而产生折叠和褶皱，折叠后阴影的不同颜色和形状带来了特殊的视觉效果。风是无形的，而在织物的运动中展示了风的力量和形状。在乔治·罗兹的作品（图4-114）中，圆锥的造型内涂满色彩，有风经过，便会像风车一样晃动起来。

3.土

土壤给予植物以生命，种植最能反映自然的生长。设计师对于土元素的运用让人称奇。自然主义艺术家及设计师Marcel Kalberer与Sanfte Strukturen等的作品Auerworld宫殿将建筑赋予生命，被称为"活建筑"及"柳树宫殿的妈妈"。随着时间的推移，宫殿一直处于生长的变化状态，该作品成为世界上第一个"活建筑"（图4-115）。

4.光

光与影是设计师最常运用的设计要素，在与自然的对话中，阳光永远是设计的重头戏。当阳光退去、黑夜来临时，模仿阳光的灯光同样作为重要的元素在设计中不可替代（图4-116~图4-122）。

　　自然的无形在于其不间断的变化，除了水、土、风、光、影还有太多的表现形式，如熔岩、侵蚀、冰川、雷电、雨雪、巨浪、树木开裂的声音、夜空的流星，等等（图4-123）。

　　位于城市环境如街道上、公园里、建筑旁的景观艺术"变态"设计在设计之初就应该将作品的第一视角和其他视角进行设计分析。针对交通流、购物流、景观节点等的不同影响，作品所要展露的视觉效果也大相径庭。拿抽象的"变态"设计作品举例，其设计形态的无定义性使其在不同的角度所成的像都是成立的，但是所表达出来的"势"必定有所指，可选择的第一视角或是面对主要街道流线，或是在相机镜头下与设计作品所处环境和谐，相得益彰。所以在三维环境中的构图对"变态"设计作品的视角设计和选择起到了至关重要的作用。

　　视角的选择影响着设计作品的透视效果，所以设计的视距对于设计尺度有很大的影响。所谓设计的视距是指公共欣赏设计的视觉距离，对于设计作品的欣赏在获得作品形式与内容的同时靠视距的调整才能得到最终的视觉效果。有的作品需要观赏者"远观"以体会整体感觉，有的需要走到近处去感受细节，有的需要走入去参与互动。对于视距的设计可以考虑两个方面，一方面是动态的观赏者与作品的长短距离和角度差异；

图 4-115　Auerworld宫殿
图片来源 / 香港日瀚国际文化传播有限公司编. Public Landscape公共景观. 天津：天津大学出版社，2010. 160、161、163

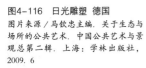

图4-116 日光雕塑 德国
图片来源／马钦忠主编. 关于生态与
场所的公共艺术. 中国公共艺术与景
观总第二辑. 上海：学林出版社，
2009. 6

图4-117 日光隧道 南希·霍特
图片来源／马钦忠主编. 关于生态与
场所的公共艺术. 中国公共艺术与景
观总第二辑. 上海：学林出版社，
2009. 7

图4-118 太阳之门
图片来源／[日]画报社编辑部编.
日本景观设计系列7—城市景观. 付
璐，毛兵，高子阳，刘文军等译. 沈
阳：辽宁科学技术出版社，2003. 173

**图4-119 日本兵库县神户市 花
岗石**
图片来源／马钦忠主编. 关于公共性
的访谈. 中国公共艺术与景观总第一
辑. 上海：学林出版社，2008. 125

图4-120 图4-121
图4-122

图4-120 岛之光
图片来源／马钦忠主编. 关于公共性的访谈. 中国公共艺术与景观总第一辑. 上海：学林出版社，2008. 124

图4-121 104博物馆 关根伸夫
图片来源／香港日瀚国际文化传播有限公司编. Public Landscape 公共景观. 天津：天津大学出版社，2010. 171

图4-122 影子雕塑
图片来源／http://www.yiqunren.com

图 4-123 闪电牧场 瓦尔
特·德·玛丽亚 新墨西哥 美国
图片来源／马钦忠主编．关于生态与
场所的公共艺术．中国公共艺术与景
观总第二辑．上海：学林出版社，
2009．6

另一方面是静止的观赏者（静止是指人流与作品的固定距离）
与作品距离所产生的效果。所处空间环境的大小、建筑结构的
不同都对视距的设计产生影响，设计师在把握尺度与整体感时
要综合周围的环境、空间和观者的审美心理，通过对视距的设
计来达到最佳的视觉效果。

第五节 中外城市景观艺术"变态"设计性
格倾向

一、外国城市景观艺术"变态"设计

文化的差异导致了国民不同的意识形态，也造就了风格迥
异的艺术设计。

1. 美国城市景观艺术"变态"设计

美国的城市景观艺术是国际化的标志，来自世界众多国家
的作品云集。由世界各地移民构成的国家属性使其设计作品反
映了各民族的文化、历史、哲学、宗教。从时代精神上可以分
为古典和现代，而最能体现非理性的当属现代的作品。随着

国民经济的发展，工业化主导着20世纪的美国，设计师们对于工业化所带来的与自然的疏离提出抗议，随后"极少主义"、"波普艺术"等应运而生，设计师们用城市生活作为设计表现的主体来提倡设计面向消费与机械文明。设计师永远走在时代发展的最前沿，美国人的乐观主义和对自由的向往使其艺术的发展更加丰富多元，在脱离欧洲殖民统治后形成了独立的自我风格，在人类与自然之间的联系、环保以及抽象作品的诠释中都有着不断的突破设计。将人类猎捕鲨鱼的情景进行具象化的表现以呼吁大众制止猎杀行为（图4-124），采用单纯化的手法刻画男人和女人（图4-125），以肢体题材对人的身体进行了横向和纵向的切割（图4-126，图4-127），等等。

同时美国电影产业的发达增加了设计的表现方法和手法，给了创作更多的想象空间，如将电影中的人物、画面以及电影拍摄的场景进行具象化的展示（图4-128，图4-129），利用电影手法进行与建筑结合的表现（图4-130）。许多杰出的"变态"设计师在创作中都多少受到电影的影响，如之前提到的设

图4-124 洛杉矶街头
图片来源／许彬摄影，李彤彤撰文，杨翠微设计. 美国城市雕塑. 沈阳：辽宁科学技术出版社，2006. 170

图4-125 国王与王后
图片来源／同上. 108

图4-126
图片来源／同上

图4-127 华盛顿园林
图片来源／同上. 117

| 图4-124 | 图4-125 | 图4-126 | 图4-127 |

图4-128 ┃ 图4-129 ┃ 图4-130

计师赫南·迪亚兹·阿隆索就是从电影获取灵感的典型案例。

2. 欧洲城市景观艺术"变态"设计

　　欧洲可以说是艺术的故乡，大街小巷、广场教堂到处都充满了艺术的气息。欧洲的艺术是世界的宝贵财富，源于其丰富的文化内涵，更源于其久远曲折的历史发展。欧洲城市从古代城市的萌芽，经古代希腊、罗马文化到哥特式的建筑再到古典主义、巴洛克风格以及洛可可建筑，欧洲艺术打上了深深的地域、民族、文化和宗教烙印。在城市景观艺术的前沿设计中比较有代表性的德国、荷兰、法国、英国、意大利、比利时、挪威、芬兰、瑞典等都对世界景观艺术的发展产生了重要的影响。

　　建立在历史和信仰基础之上的欧洲设计紧紧围绕人文主义开展。以德国为代表的欧洲国家，在"二战"后的城市重建中更加注重塑造新的城市形象。德国的设计概念均源于简约设计，形式简单，空间层次的丰富、线条的朴实、架构的简约，是最能体现人文精神的设计。尤其是在拥有悠久历史传统的德国北部汉莎联盟城市、历史悠久的北部城市不莱梅的设计中，风格独特，浪漫中富有情趣，反映城市生活的人文主题随处可见，作品无不暗示着德意志民族人民乐观勤劳的优点。如刻画城市中走动的人群（图4-131），以人的肢体为表现题材，运用群化的手法来表现动态和强烈的感情色彩，置身于城市街道

图4-128　纽约园林
图片来源／许彬摄影，李彤彤撰文，杨翠微设计．美国城市雕塑．沈阳：辽宁科学技术出版社，2006．119

图4-129　洛杉矶街头
图片来源／同上．171

图4-130　洛杉矶街头
图片来源／同上．273

图4-131　街头雕塑
图片来源／皮志伟著．对话欧洲·艺术的环境．南京：东南大学出版社，2006．120

中，展现了城市生活的忙碌，给人以莫名的不安定感；又如将人进行变形的表现，丑化扭曲后的造型暗示着人在城市中的变化（图4-132）；再如采用放大以及具象化的手法，同时融入波普艺术，以硕大的婴儿在街道上攀爬的形象，体现生活中的儿童（图4-133）。对人的腿和臂进行局部夸张，动作的造型体现力量感的同时仿佛也象征着欲求（图4-134）。荷兰街头的设计作品，同样以肢体分割后进行群化聚合表现（图4-135）。

3. 日本城市景观艺术"变态"设计

对整体国民素质的重视使日本的城市景观艺术的发展路径与欧美发达国家十分相似。日本社会的公众价值体系、社会形态以及历史观念都在不同层面投射于设计之上，同时在设计的形态之内也可以反观整个民族。

精致与内涵存在于整个日本，源于日本人的敬业精神以及行事的严谨和认真，体现在设计中是精益求精。日本人对于人性的理解更加真实，这也是为什么他们从不避讳对于性的认识，在他们看来道德的构建与人性的认知并不矛盾。同时经历过战争及处于地震带上的岛国背景使整个日本民族都有着一种危机认识，对于生态以及资源的珍惜使其养成了精打细算的习惯，这些都是值得我们借鉴和认可的。小而精是日本给世界的整体感觉，这使他们的艺术呈现了更多的内涵。

图4-132　街头雕塑
图片来源／同上．121

图4-133 | 图4-134 | 图4-135

图4-133　德国街头雕塑
图片来源/皮志伟著. 对话欧洲·艺
术的环境. 南京: 东南大学出版社.
2006.6. 112

图4-134　德国街头雕塑
图片来源/同上

图4-135　荷兰街头雕塑
图片来源/同上. 117

如果用简单的字来形容日本的城市景观艺术设计，那可以用雅、静、素来形容其大体感觉。后藤良二的《交叉的空间结构》，舞蹈中伸展开的精灵以群化的处理手法结成网状，色彩与线条轻盈优美（图4-136）。青铜制成切割后的树木的枝干部分，形态类似于放大后的人的手臂和手指，属肢体的挑逗题材，同时运用了具象化的手法（图4-137）。然而在日本的大街小巷，我们看到更多的则是运用抽象和符号化手法的表现题材，将隐含的"意"带入设计中，更能代表日本的整体设计感觉和面貌，如对于石材的雕刻和局部剔除，在几何中寻找曲线形，在规则与不规则中游离（图4-138，图4-139）。

二、中国城市景观艺术"变态"设计

中国历史中的绝对皇权观使中国人的眼中只有老百姓的概念，而没有现代意义上的城市公民概念，体现在公共艺术中，就是缺少平等自由的观念。改革开放以来，艺术更多地介入城市空间环境的设计中。中国早期的景观艺术设计的表现形式十分单一，众多表现形式中只存在于壁画和雕塑中。随着计划经

图4-136（左）交叉的空间构造
图片来源/王曦著. 公共艺术日本行.
北京: 中国电力出版社, 2008. 101

图4-137（右）青铜制成的枯老
树干
图片来源/同上

济向市场经济的转型，设计也随之自由化和多元化，尤其是85美术思潮之后，新观念、新思潮、新形式设计犹如雨后春笋般迅速发展起来，越来越多的以非理性为主要设计手段的作品体现了中国设计的变革。然而，制度的缺乏、思想的局限使得许多有着独特视角的"变态"设计作品只能在室内一睹芳容，缺乏城市景观艺术本质上的公共性（图4-140～图4-143）。

中国城市景观艺术的历史短暂，自然无法与受到艺术启蒙的西方国家相比，所以在设计领域一直处于"被鸡肋"的状态，短时期内盲目的大跃进式发展使照搬和模仿不可避免地出现（图4-144，图4-145）。

思想上的保守限制了艺术自由化。中国人绝口不谈性，所以在国外正常出现的性博物馆、性主题公园，到了中国就被指摘为低俗，沦入被拆除的境地。重庆的性主题公园由于不被大众所接受，在建成后没多久就被拆除。中国艺术家舒勇[①]的前卫艺术作品"泡女郎"以放大的女性胸部来讽刺当今社会的丰胸热，却被认为有色情成分，在展出时遭到破坏（图4-146）。所以不少专家学者指出，国民整体素质的提升是艺术公共性的

图4-138　东京都美术馆户外雕塑
图片来源／王曜著．公共艺术日本行．
北京：中国电力出版社，2008．40

图4-139　街头雕塑
图片来源／同上．8

①中国最著名的当代艺术家之一，最受媒体争议和关注的艺术家，"行为艺术营销"创始人。

图4-140　室内装置美术作品　1
图片来源／bbs.cri.cn

图4-141　室内装置美术作品　2
图片来源／bbs.cri.cn

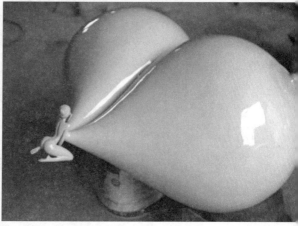

图4-142	图4-143
图4-144	
图4-145	图4-146

图4-142　室内装置美术作品　3
图片来源/bbs.cri.cn

图4-143　室内装置美术作品　4
图片来源/同上

图4-144　中央美术学院内雕塑　1
图片来源/作者摄于中央美术学院

图4-145　中央美术学院内雕塑　2
图片来源/同上

图4-146　泡女郎系列
图片来源/http://ent.sina.com

前提。

　　当然，在艺术腾飞的今天，中国的艺术家以及设计师在对文化的理解中也为中国的设计发展作出了巨大的贡献。环顾我们周围，已经有许多"变态"的意识或手法渗透其中，展示出中国艺术家对自由化、多元化设计的追求。如著名建筑设计师马岩松[1]为台中市设计的会展中心，由一组连绵起伏的建筑群落（图4-147）、褶皱状的"山体"模糊了建筑、景观和城市公共空间的界限，构成一幅展现东方自然精神的未来世界。作品传承了中国对建筑群体和空间序列追求的传统，并把东方文化中与自然和谐相处的精神气质贯穿于其中。在这个规模庞大的建筑群中，重要的不再是某个建筑单体本身，建筑物的形象是统一化的，而它们所围合的空间则成为主体，那是一种在空气、风、光线之间形成的自然秩序，以及由此建立起来的人与自然之间的情感共鸣。还有先锋设计师庞嵚[2]设计的西安半坡博物馆（图4-148），主体建筑以半坡时期人类居住的半地穴式房屋为主要构成元素，具有原始村落风格的大门装饰及充满原始气息的建筑群以及配套的景观设计使人进入博物馆就被引发出回到半坡时期的强烈感觉。

[1]毕业于美国耶鲁大学，获建筑学硕士以及Samuel J. Fogelson优秀设计毕业生奖。曾经在伦敦的扎哈·哈迪德建筑事务所和纽约埃森曼建筑事务所工作。2004年回到中国并成立了北京MAD建筑事务所，同时任教于中央美术学院。代表作品有玛丽莲·梦露大厦、台中会展中心等。

[2]建筑师、跨界设计师，毕业于英国诺丁汉大学建筑系，代表作品伦敦金丝雀码头高层住宅、西部机场集团总部办公楼等。

图4-147　台中会展中心
图片来源／http://photo.zhulong.com

图4-148　西安半坡博物馆
图片来源/http://www.baidu.com

三、中外城市景观艺术"变态"设计对比

　　客观上讲，中国的城市景观艺术设计与西方国家相比还有一定的差距。西方自历史演变而来的现代艺术所形成的颠覆与解构的潮流，以及在电影产业中蓬勃兴起的文化艺术产业，尤其是在高科技迅猛发展带动下传媒业的振兴，使城市景观艺术的设计在形式、功能以及理念上都具备了更加丰富的社会底蕴和复杂多元的现代内涵。与西方国家相比，中国景观艺术设计主要有三项缺失：

1. 艺术理念与制度的缺失

　　中国人自古崇尚中庸、沉稳，这种性格中的温顺与西方人走极端的性格形成巨大的反差，我们的文化在"慢"中求稳，而西方则是在极致中寻找突破。艺术在西方国家的历史中一直扮演着重要的角色，一方面作为统治阶级的政治手段，另一方面又是被统治阶级的抵抗手段。所以西方人对于艺术的接纳程度是中国艺术家可望而不可即的。艺术自由的差距同样体现在统治阶级对于艺术控制的松紧程度上，在中西方社会制度的本质差距使得中国在城市景观艺术"变态"设计领域缺失了一大步。

2. 设计内涵的缺失

　　作为五千年文明古国的中国，无论在经济或是文化艺术方面都曾领先于世界，然而近现代以来的落后却使中国陷入拼命追赶、盲目模仿与学习的境地，设计缺失了本应有的内涵。西方民族的文化内涵体现在艺术的整体中，即使在整体中呈现出多样化，也不会影响其内在的统一的民族内涵。中国现在的设计呈现了泛滥的趋势，设计内涵的缺失使"变态"设计只有"变态"没有设计。

3. 设计质量的缺失

走在国内的大街小巷都可以看到急功近利的设计产物，内在缺乏的同时在设计质量上粗糙劣质，从色彩到材质，从设计施工质量到坚固性与西方国家的精细刻画都相距甚远。

第六节　余　论

城市景观艺术与精神生态变异以"变态"设计为核心，基于艺术家的"变态"心理，产生了诸多城市景观的"变态"设计造型设计方法，公众"变态"心理催生了多种城市景观的"变态"设计题材。艺术家变异的视角及变异的心理体验成为神经质创作、前卫设计等"变态"设计的灵感来源，"变态"设计过程中所独有的自由和非理性的造型方法正是艺术家创新所需要的品质。而心理学中的禁果效应与答布效应，又为城市景观设计提供了丰富的题材思路，设计师将公众的"变态"心理进行运用，产生了许多能够慰藉人们精神需求的艺术设计题材。大到城市的依从关系，小到街道的合离关系，借助城市街道、广场、公园及建筑等环境场景，城市景观"变态"设计巧妙与广场、公园、建筑、自然无形体等结合。

精神生态的变异加速了城市景观艺术的多元化发展方向，设计师需要从更多的维度去探索符合社会发展和人们需求的艺术作品，以此为城市景观艺术设计与精神生态的研究拓展出一片新的领域。

参考文献及图片来源

[1] 鲁枢元. 生态文艺学. 西安: 陕西人民教育出版社, 2000. 12.

[2] 徐恒醇. 生态美学. 西安: 陕西人民教育出版社, 2000. 12.

[3] 林玉莲, 胡正凡. 环境心理学. 北京: 中国建筑工业出版社, 2000.

[4] [美]鲁道夫·阿恩海姆. 艺术与视知觉——视觉艺术心理学. 北京: 中国社会科学出版社, 1984. 7.

[5] 宋建明. 论建筑外观与环境的色彩设计. 创意, 1995, 2(2).

[6] 唐鸣岳, 赵松青. 近现代室内外壁画529. 哈尔滨: 黑龙江美术出版社, 1996. 8.

[7] 张俊华, 屈德印. 90年代日本环境设计50例. 郑州: 河南科学技术出版社, 1999.

[8] 马一兵, 环艺形态应用. 重庆: 西南师范大学出版社, 2000. 6.

[9] 东京蒲公英之家. 日本. 世界建筑, 2001. 130(04).

[10] 凌继尧, 徐恒醇. 艺术设计学. 上海: 上海人民出版社, 2000.

[11] 陈望衡. 艺术设计美学. 武汉: 武汉大学出版社, 2000. 7

[12] 潘鲁生, 章利国. 设计艺术美学. 济南: 山东教育出版社, 2002.

[13] 任平. 时尚与冲突——城市文化结构与功能新论. 南京: 东南大学出版社, 2000.

[14] 何晓佑, 谢云峰. 人性化设计. 南京: 江苏美术出版社, 2001. 8.

[15] 漆平. 现代环境设计·日本篇. 重庆: 重庆大学出版社, 1999. 10.

[16] 漆平. 现代环境设计·美国 加拿大篇. 重庆: 重庆大学出版社, 1999. 10.

[17] 永辉, 鸿年. 公共艺术. 北京: 中国建筑工业出版社, 2002.

[18] [法]H. A. 丹纳. 艺术哲学. 北京: 人民文学出版社, 1981.

[19] [德]G. W. F. 黑格尔. 美学. 北京: 商务印书馆, 1979.

[20] [美]苏珊·朗格. 艺术问题. 北京: 中国社会科学出版社, 1983.

[21] [英]A. N. 怀特海. 科学与近代世界. 北京: 商务印书馆, 1959.

[22] [比]P. 迪维诺. 生态学概论. 北京: 科学出版社, 1987.

[23] [美]大卫·雷·格里芬. 后现代精神. 北京: 中央编译出版社, 1997.

[24] 钱谷融. 艺术·人·真诚. 上海: 华东师范大学出版社, 1995.

[25] 常怀生. 环境心理学和室内设计. 北京: 中国建筑工业出版社, 2000.

[26] 郭海平, 王玉. 癫狂的艺术——中国精神病人艺术报告. 湖南: 湖南美术出版社, 2007. 10.

[27] 冯翔宇等. 日本设计的民族性与时代感初探. 美与时代(下半月), 2003(9).

[28] 王美艳等. 论中国先锋艺术的创作策略. 湖南工业大学学报(社会科学版), 2009. 14(4).

[29] 吕俊华. 艺术与癫狂. 北京: 作家出版社, 2009. 3.

[30] [美]劳伦·B·阿洛伊, 约翰·H·雷斯金德, 玛格丽特·J·玛诺斯著. 变态心理学. 汤震宇, 邱鹤飞, 杨茜译.

上海：上海社会科学院出版社，2005.

[31] 钱铭怡. 变态心理学. 北京：北京大学出版社，2006.

[32] [英] Neil Frude著. 变态心理学. 李虹[等]译. 北京：清华大学出版社，2008.

[33] 过伟敏，史明著. 城市景观艺术设计. 南京：东南大学出版社，2011.

[34] 梁家年. 设计艺术心理学. 武汉：武汉大学出版社，2011.

[35] 任立生. 设计心理学. 北京：化学工业出版社，2011.

[36] 赵江洪著. 设计心理学. 北京：北京理工大学出版社，2010.9.

[37] [韩] 金容淑著. 设计中的色彩心理学. 武传海，曹婷译. 人民邮电出版社，2011.

[38] [美]唐纳德·A·诺曼. 设计心理学. 北京：中信出版社，2010.

[39] 张凯，周莹. 设计心理学. 长沙：湖南大学出版社，2010.

[40] 关山译. 弗罗姆最后的谈话. 弗洛姆文集. 北京：改革出版社，1997.

[41] 余祖伟. 精神分析和人本主义关于变态心理根源探析. 钦州师范高等专科学校学报，2000.6.15.(2).

[42] 《大师系列》丛书编辑部编著. 特里·法雷尔的作品与思想. 北京：中国电力出版社，2006.

[43] 《大师系列》丛书编辑部编著. 安藤忠雄的作品与思想. 北京：中国电力出版社，2005.7.

[44] [美]卡伦·霍尼著. 我们时代的神经症人格. 冯川译. 南京：译林出版社，2011.5.

[45] [美]杰弗里·科特勒著. 十个天才的神经病史. 上海：上海社会科学院出版社，2011.6.

[46] 高铭著. 天才在左 疯子在右. 武汉：武汉大学出版社，2009.12.

[47] 张积家编著. 普通心理学. 广州：广东高等教育出版社，2004.8.

[48] 城市景观设计编委会. 城市景观设计：理论方法与实践. 北京：中国建筑工业出版社，2009.

[49] 过伟敏，王筱倩等. 环境设计. 北京：高等教育出版社，2009.

[50] 柳沙. 设计心理学. 上海：上海人民美术出版社，2009.

[51] 吕智强. 景观设计概论. 北京：中国轻工业出版社，2008.

[52] 周至禹. 思维与设计. 北京：北京大学出版社，2007.

[53] [美]Frederick T L Leong，James T Austin主编. 心理学研究手册. 周晓林等译. 北京：中国轻工业出版社，2006.

[54] [瑞士]卡尔·古斯塔夫·荣格. 人、艺术与文学中的精神. 北京：国际文化出版公司，2011.

[55] [法]爱弥儿·柯尔. 心理暗示与自我暗示之柯尔效应. 北京：中国青年出版社，2011.

[56] 奥村康一，水野重理，高间大介. 男与女. 崔柳译. 北京：机械工业出版社，2011.

[57] 施琪嘉. 当你"被"精神分析之后——一位心理咨询师的"疯"人"疯"语. 北京：中国轻工业出版社，2011.

[58] 高岑. 心理学视角的设计艺术. 南京：南京艺术学院，2009.

[59] 柳沙. 使用与情感——设计艺术心理学描述. 文艺研究，2005.(10).

[60] 付昊. 基于设计心理学的产品设计研究. 武汉：武汉理工大学，2007.

[61] 李彬彬著. 设计心理学. 北京：中国轻工业出版社，2007.9.

[62] 郭媛媛. 论城市公共艺术的心理学特征分析. 武汉：武汉理工大学，2008.

[63] 高泠. 城市公共空间艺术设计的情感体验. 浙江：浙江工业大学，2009.

[64] 土屋昌义. 现代环境雕塑艺术. 武汉：湖北美术出版社，2002.3.

[65] 宋书文. 心理学名词解释. 兰州：甘肃人民出版社，1984.6.

[66] 王曜著. 公共艺术日本行. 北京：中国电力出版社，2008.3.

[67] 皮志伟著. 对话欧洲·艺术的环境. 南京：东南大学出版社，2006.6.

[68] 于冰，周湘津主编. 当代欧洲城市环境. 天津：天津大学出版社，2004.7.

[69] 彭军，张品编著. 欧洲·日本公共环境景观. 北京：中国水利水电出版社，2005.9.

[70] [美]詹姆斯，E 万斯著. 延伸的城市——西方文明中的城市形态学. 凌霓、潘荣译. 北京：中国建筑工业出版社，
   2007.9.

[71] 郝卫国，李玉仓著. 走向景观的公共艺术. 北京：中国建筑工业出版社，2011.6.

[72] 马钦忠著. 公共艺术基本理论. 天津：天津大学出版社，2008.8.

[73] 辛华泉编著. 形态构成学. 杭州：中国美术学院出版社，2002.1.

[74] 张冠增主编. 西方城市建设史纲. 北京：中国建筑工业出版社，2011.1.

[75] 胡升高编著. 欧洲城市景观艺术. 长春：吉林科学技术出版社，2001.

[76] 季峰著. 中国城市雕塑——语义、语境及当代内涵. 南京：东南大学出版社，2009.8.

[77] 许彬摄影，李彤彤撰文，杨翠微设计. American city sculpture美国城市雕塑. 沈阳：辽宁科学技术出版社，2006.3.

[78] [日]画报社编辑部编. 日本景观设计系列7——城市景观. 付瑶、毛兵、高子阳、刘文军等译. 沈阳：辽宁科学技
   术出版社，2003.10.

[79] 金言秀，金百洋主编. 公共艺术设计. 北京：人民美术出版社，2010.9.

[80] 马钦忠主编. 关于公共性的访谈. 中国公共艺术与景观总第一辑. 上海：学林出版社，2008.12.

[81] 马钦忠主编. 关于生态与场所的公共艺术. 中国公共艺术与景观总第二辑. 上海：学林出版社，2009.7.

[82] 马钦忠主编. 公共艺术与历史街区的振兴. 中国公共艺术与景观总第三辑. 上海：学林出版社，2010.2.

[83] 马钦忠主编. 公共艺术的制度设计与城市形象塑造·美国·澳大利亚. 中国公共艺术与景观总第四辑. 上海：学
   林出版社，2010.11.

[84] 文增著，林春水编著. 城市街道景观设计. 北京：高等教育出版社，2008.6.

[85] 龚声明主编. 公共视觉艺术赏析. 南京：东南大学出版社，2010.8.

[86] 诸葛雨阳编著. 公共艺术设计. 北京：中国电力出版社，2007.2.

[87] 王丽云著. 空间形态. 南京：东南大学出版社，2010.5.

[88] 香港日瀚国际文化传播有限公司编. Public Landscape公共景观. 天津：天津大学出版社，2010.4.

[89] 章晴方编著. 公共艺术设计. 上海：人民美术出版社，2007.1.

[90] 刘去病编著. 城市雕塑. 合肥：安徽科学技术出版社，2004.

[91] 倪建林著. 中西设计艺术比较. 重庆：重庆大学出版社，2007.4.

[92] 徐恒醇著. 设计符号学. 北京：清华大学出版社，2008.7.

[93] 郑建启，胡飞编著. 艺术设计方法学. 北京：清华大学出版社，2009.6.

[94] 殷晓烽主编，李东江、刘强、韩璐编著. 雕塑造型基础研究. 沈阳：辽宁美术出版社，2007.7.

[95] [美]索斯沃斯，本·约瑟夫著. 街道与城镇的形成. 李凌虹译. 北京：中国建筑工业出版社，2006.

[96] [英]戴维·皮尔逊编著. 新有机建筑. 董卫等译. 南京：江苏科学技术出版社，2002.12.

[97] 冯信群，姚静著. 景观元素——环境设施与景观小品设计. 南昌：江西美术出版社，2008.1.

[98] 蓝青主编，美国亚洲艺术与设计协作联盟. 极度建筑·XEFIROTARCH作品. 武汉：华中科技大学出版社，2007.1

[99] 周武忠等著. 基于多元角度的城市景观研究. 东南大学出版社，2010.1.

[100] 王亦敏编著. 设计的基因——挖掘设计要素专辑. 天津：天津大学出版社，2011.9.

[101] 翁剑青著. 公共艺术的观念与取向. 北京：北京大学出版社，2002.11.

[102] 王章旺编著. 设计构成基础. 北京：机械工业出版社，2009.6.

[103] 吴翔编著. 设计形态学. 重庆：重庆大学出版社，2008.4.

[104] [荷]田崴编著. 思维设计——造型艺术与思维创意. 北京：北京理工大学出版社，2006.8.

[105] 汤重熹，曹瑞忻编著. 城市公共环境设计——配镜与艺术小品. 乌鲁木齐：新疆科学技术出版社，2005.6.

[106] 王铁城，刘玉庭编著. 装饰雕塑. 北京：中国纺织出版社，2005.1.

[107] http://edu.xinli110.com/growup/tszs/200607/329.html.

[108] http://www.92xinli.com/show/27083.html.

[109] http://baike.baidu.com/view/2143.html.

[110] http://baike.baidu.com/view/268303.html.

[111] http://baike.soso.com/v6028353.htm 4.

[112] http://baike.baidu.com/view/110145.html.

[113] http://xz.people.com.cn/GB/147280/153596/156024/9733991.html.

[114] http://szbbs.sznews.com/3g/3gindex.php?tid-909674.html.

[115] http://baike.baidu.com/view/550244.html.

[116] http://baike.baidu.com/view/2488468.html.

[117] http://blog.sina.com.cn/s/blog_49a2b73701007yru.html.

[118] http://www.abbs.com.cn/report/read.php? cate=1&recid=1434, 2001.10.08.

[119] http://www.dolcn.com/gallery/zhj03.html, 2003.1.19.

[120] http://www.cl2000.com/architecture/condition/yangguang/lp_001.shtml.

[121] http://www.dspt.com.cn/yxkds/hong.html.